信息技术学习指导与实训
——能力进阶

主　编　乐　雨　李　静
副主编　高　剑　梁　甜

武汉理工大学出版社
·武　汉·

图书在版编目(CIP)数据

信息技术学习指导与实训. 能力进阶 / 乐雨，李静主编. -- 武汉 ：武汉理工大学出版社，2025. 2 -- ISBN 978-7-5629-7362-1

Ⅰ. TP3

中国国家版本馆 CIP 数据核字第 20253D9A53 号

信息技术学习指导与实训——能力进阶

Xinxi Jishu Xuexi Zhidao yu Shixun——Nengli Jinjie

项目负责人:高　英　　**责任编辑**:高　英
责 任 校 对:张明华　　**排版设计**:正风图文
出 版 发 行:武汉理工大学出版社
社　　址:武汉市洪山区珞狮路 122 号　　**邮　　编**:430070
网　　址:http://www.wutp.com.cn
印　刷　者:湖北金港彩印有限公司
经　销　者:各地新华书店
开　　本:787×1092　1/16　　**印张**:13　　**字　　数**:332 千字
版　　次:2025 年 2 月第 1 版
印　　次:2025 年 2 月第 1 次印刷
定　　价:34.50 元

前　言

本书是依据《中等职业学校信息技术课程标准》(2020 年版)和中等职业学校教学实际情况研发、编写的中等职业学校公共基础课程信息技术基础模块配套用书。

全书共分 5 个单元,包括数据处理、程序设计入门、数字媒体技术应用、信息安全基础和人工智能初步。每单元按照“课程标准要求”细化“核心素养目标”;单元下设小节,通过“目标导航”“知识图谱”“必备知识清单”“典型例题”“综合提升训练”“综合实践”“学习手札”等栏目达成教学目标;配套单元测验、单元综合实训完成教学考核。

本书特色主要表现为通过“知识图谱”对所学内容进行梳理;设置“知识索引”帮助学生快速定位碎片化知识点;根据必备知识清单有针对性地设置表单,简洁明了地呈现知识概要及教学重难点;综合实践题型的背景贴近学生生活、专业,融入课程思政,使学生“知行合一”,完成“三全育人”“五育并举”的现代教育教学目标。通过对信息技术基础知识与技能的进一步学习和巩固,学生能够增强信息意识、发展计算思维、树立正确的信息社会价值观和增强责任感,培养学生符合时代要求的信息素养和适应职业发展需要的信息能力。

本书由天津市建筑工程学校计算机教研室组织编写,具体编写分工如下:乐雨策划、统稿并编写第 7 章和第 8 章,李静策划并编写第 4 章,高剑编写第 5 章,梁甜编写第 6 章。

本书在编写过程中参考了国内外很多著作,在此向相关作者表示感谢。虽然我们对本书中所述内容都用反复的实践进行验证与核实,并多次进行文字校对,但是编者水平有限,书中难免存在不足,恳请广大教师、学生提出宝贵意见,我们将不断修订,使本书日趋完善。

书中二维码中的资源也可登录武汉理工大学出版社网站(http://www.wutp.com.cn)下载。

编者

2024.9

目 录

4 用数据说话——数据处理

在大数据时代，掌握数据处理与分析能力已成为现代职场人士不可或缺之技，直接关联着工作效能与职场竞争力的提升。当前，无论是日常学习还是生活，数据如潮水般涌现，它们以多样化的形式被捕捉、记录，并存储于各类数据库之中。随后，人们借助电子表格软件、在线数据处理平台等强大工具，对这些数据进行深度剖析与处理，从而精准获取所需结果。这一过程不仅彰显了数据处理的重要性，也进一步凸显了数据分析在大数据时代中的核心价值。当然，随着技术的不断进步，数据处理与分析的能力也在不断进化。从简单的数据整理、筛选，到复杂的数据挖掘、预测分析，每一步都要求我们具备更加精细化和专业化的技能。

为了在职场中保持竞争力，我们需要不断学习最新的数据处理技术和分析方法，如机器学习、人工智能、大数据可视化等。这些技术不仅能够帮助我们更高效地处理海量数据，还能揭示数据背后的隐藏规律和趋势，为决策提供有力支持。

此外，团队合作也是提升数据处理与分析能力的重要途径。在团队中，我们可以相互学习、交流经验，共同解决难题。通过协作，我们可以将各自的专业知识和技能融合在一起，形成更强的数据处理与分析能力。

总之，在大数据时代背景下，我们需要不断学习、实践和创新，以适应这个充满挑战和机遇的时代。

内容要求

本章教学采用理论与实践一体化的教学模式，采用“做中学，学中做”的方法教学。教学内容设计由浅入深，学生循序渐进地学习数据处理与分析的内容。教学过程中，可按给出的实例和实践任务问题，每进行一个能力层次分析之后，围绕主题的实践教学进行训练。每一部分根据所学内容，教学形式可分为理论＋实践，以具备使用数据表格解决实际工作情境中的信息与数据处理的能力。

教学部分主要包括四个模块：

(1) 采集数据

需要学生能够列举比较常用的数据处理软件，并了解其核心功能与独特优势。

熟练掌握在信息平台或文件系统中录入数据的方法，以及导入和引用外部数据源的技能。

能够运用工具软件有效收集并生成数据，同时能够进行数据类型转换与格式化调整。

(2) 加工数据

深入理解数据处理的基本原理与核心概念。

熟练运用函数、运算表达式执行数据计算任务。

能够对数据进行排序、筛选操作，以及分类汇总，以提炼有价值的信息。

(3) 分析数据

根据实际需求，对数据进行初步且有效的分析。

能应用可视化工具进行数据探索，并能创建简洁明了的数据图表。

(4) 初识大数据

对大数据的基本概念、特点及其重要性有初步认识。

了解并掌握大数据的采集策略与分析方法，为深入学习奠定基础。

教学提示

案例导向教学：教师应选取贴近生产与生活实际的典型数据处理、分析案例，通过项目和任务驱动的方式，学生能够在实践中学习。

知识融合与能力培养：在训练数据处理技能的同时，融入数据结构、数据分析及可视化表达等理论知识，引导学生从数据中提取有价值的信息，培养其数据抽象与解析能力。

灵活应用工具：鼓励学生根据数据处理的具体需求，灵活选用数据处理软件、信息平台等进行数据采集与加工。通过函数、运算表达式等手段进行数据运算，运用排序、筛选、分类汇总等技术进行数据处理，利用查询、数据透视、统计图表等可视化工具进行深入分析，最终制作出数图结合的数据报告。

大数据意识培养：让学生了解大数据的基础知识及采集分析方法，为其未来可能涉足的大数据处理领域打下基础。

工具选择与迁移能力：教师应指导学生综合考量不同数据处理工具的功能与适用环境，无论是桌面端还是移动端，都应熟练掌握几种核心软件的操作，并具备将这些技能迁移到其他类似工具或平台的能力。

核心素养目标

在当今这个数据处理与大数据日益凸显其重要性的时代，培养学生的数据素养已成为一项不可或缺的重要任务。为了从容应对数据驱动社会所带来的各种挑战，我们精心设定了以下四大核心素养目标(表 4.1)：数据采集与加工技能、数据分析与大数据思维能力、创新思维与问题解决策略，以及数据意识与社会责任感。这些目标旨在全方位地夯实学生在数据处理领域的技能基础，并赋予他们强大的数据分析能力。同时，我们也着重于培养学生的逻辑思维、创新思维、团队合作精神以及社会责任感等多方面的综合素养。通过达成这些目标，学生将能够更加高效地利用数据资源，为自己未来的职业道路和个人发展铺设一条既宽广又坚实的道路。

表 4.1　数据处理的四大核心素养目标

内涵	具体内容
数据采集与加工技能	(1) 深入理解数据采集的核心概念与多样化方法，熟练掌握并运用多种采集工具与技术手段，确保数据采集的全面性与准确性。 (2) 依据实际需求，灵活选择并应用最适合的采集策略，高效地进行数据的初步收集工作，确保数据的时效性与相关性。

续表4.1

内涵	具体内容
数据采集与加工技能	(3) 熟练掌握电子表格软件 Excel 的各项基本操作，包括但不限于数据的精准输入、高效编辑以及专业的格式设置，为数据处理奠定坚实基础。 (4) 灵活运用函数计算、排序整理、筛选过滤、分类汇总等高级数据加工技术，对数据进行深度清洗、细致整理与严格规范，确保数据质量符合分析要求。 (5) 全面理解并熟练掌握数据处理的基本流程，能够独立完成从数据采集到初步加工的全过程任务，展现出卓越的数据处理能力
数据分析与大数据思维能力	(1) 全面把握数据分析的基本概念、核心目的以及基础方法，为精准解析数据提供坚实的理论基础。 (2) 熟练运用图表、数据透视表等可视化工具，对数据进行对比分析、结构剖析与综合评估，直观展现数据特征与趋势，提升数据解读能力。 (3) 深入理解大数据的基本架构与关键技术体系，包括数据采集的高效策略、存储管理的优化方案、处理流程的精细设计以及分析方法的创新应用，为大数据项目实践奠定坚实基础。 (4) 通过深入的数据分析，敏锐捕捉数据背后的深层意义与潜在价值，为业务决策提供科学依据与有力支持，助力企业实现数据驱动的增长与转型
创新思维与问题解决策略	(1) 积极鼓励学生运用所学知识，直面实际问题。通过培养数据思维与逻辑思维，学生能够运用数据描绘现象、用数据支撑论点，实现精准与高效地解决问题。 (2) 借助项目实践增强学生的动手操作能力，并培养他们的团队合作精神。在团队中，学生将学会有效沟通、紧密协作，共同完成任务，从而在实践中锻炼领导力与团队协作能力。 (3) 鼓励学生进行批判性思考，不盲目接受既定观点，同时，鼓励学生提出新颖的观点与解决问题的新方法，为未来的挑战与机遇做好充分准备
数据意识与社会责任感	(1) 培养学生出色的数据敏感性，使他们能够敏锐地捕捉数据中的微妙变化与异常现象，迅速挖掘数据背后的潜在信息与未来趋势，为决策提供有力依据。 (2) 深入教育学生在数据处理领域中的伦理道德观念与社会责任感，强调严格遵守数据保护、信息安全等相关法律法规的重要性，确保数据处理与分析活动的合法性与合规性，维护个人隐私与社会公共利益。 (3) 激发学生对数据科学的浓厚兴趣，鼓励他们持续关注相关行业的最新发展动态，不断拓展知识视野，为未来的学习与职业生涯奠定坚实基础，为数据科学领域的创新与发展贡献力量

通过实现上述核心素养目标，学生不仅可在数据处理与分析的专业技能领域构筑稳固的基础，而且可在多个关键的个人与社会能力维度上实现显著的飞跃。具体而言，学生在批判性思维方面学会了如何质疑信息、理性分析，并基于证据做出决策；在自主学习能力上，他们掌握了自我驱动学习的技巧，能够主动探索未知领域，持续更新知识体系；在跨文化交流方面，学生具备尊重多元观点、有效沟通协作的能力，为在全球化环境中工作与生活做好了准备；此外，在

伦理道德层面，他们深刻理解并践行了数据隐私保护、责任担当等原则，为成为值得信赖的专业人士打下了基础。

这些综合素养的培育，不仅赋予了学生解决复杂问题的硬核实力，还极大地激发了他们的创造力与探索未知的勇气。学生在面对挑战时，能够灵活运用所学知识，勇于创新，不断突破自我。同时，养成良好的职业习惯与树立道德观念，确保了他们在职业道路上能够保持诚信、敬业，为行业树立正面榜样。

最终，学生将蜕变成为既精通数据处理与分析技术，又拥有宽广国际视野与深厚人文素养的复合型人才。他们不仅能够高效、准确地处理和分析海量数据，从中挖掘出宝贵的信息与洞见，还能在数据驱动的社会变革中扮演领导角色，引领技术创新，推动社会向更加智慧、公正、可持续的方向发展。我们深信，通过这一系列精心设计的素养培育计划，学生将在信息技术及相关领域展现出卓越的智慧与才华，为构建一个更加繁荣、包容、绿色的未来社会贡献自己的力量，成为推动时代进步的重要力量。

4.1 采集数据

在这个信息爆炸的时代，数据已成为我们理解和解释世界的重要工具。它如同一面镜子，映照出社会的真实面貌；也如同一把钥匙，开启着知识的大门。今天，我们正式踏入《用数据说话——数据处理》这一关键单元的学习之旅。而我们的起点，就源自一个贴近生活的实例——学校即将举办的“红色经典阅读”主题活动。

为了深入了解全校学生阅读红色经典作品的现状，老师决定进行一次全面的摸底调查。面对这一任务，不同专业的学生代表纷纷提出了自己的见解。旅游类专业的小优提出了传统的纸质问卷方式，希望通过人工分发和回收来收集数据。然而，农业类专业的小林很快指出了这一方法的局限性：高昂的打印成本和庞大的人力投入，使得这一方案在现实中显得并不那么可行。

正当大家陷入思考之际，电子信息类专业的小信挺身而出，提出了一个创新且高效的解决方案——利用网络问卷来收集数据。这一提议立刻引起了大家的共鸣，因为它不仅解决了成本和效率的问题，还顺应了数字化时代的发展趋势。

同学们，小信的建议正是我们本节课学习的核心所在——数据处理。通过设计合理的问卷、选择合适的调查工具（如网络问卷平台），我们能够便捷、快速地收集到大量数据。但更重要的是，我们要学会如何对这些数据进行有效的处理和分析，从而挖掘出隐藏在数据背后的有价值的信息。

在接下来的学习中，我们将一起探索数据处理的奥秘，学习如何清洗数据、整理数据、分析数据，并最终用数据来说话。让我们以这次“红色经典阅读”主题活动为起点，开启一段充满挑战与收获的数据处理之旅吧！

4.1.1 目标导航

（1）了解网络问卷平台采集数据的方法和常用的数据处理软件的界面和功能；

（2）理解数据的分类及工作簿和工作表之间的关系；

（3）掌握数据表格软件创建表格、输入数据、导入外部数据和生成数据的方法；

(4) 掌握电子表格中工作表和单元格的编辑功能;

(5) 掌握电子表格中美化数据格式的设置方式;

(6) 培养学生现代信息管理意识,指导使用数据处理软件进行数据管理,激发学生学习数据处理软件的兴趣。

4.1.2 知识图谱

具体如图 4.1 所示。

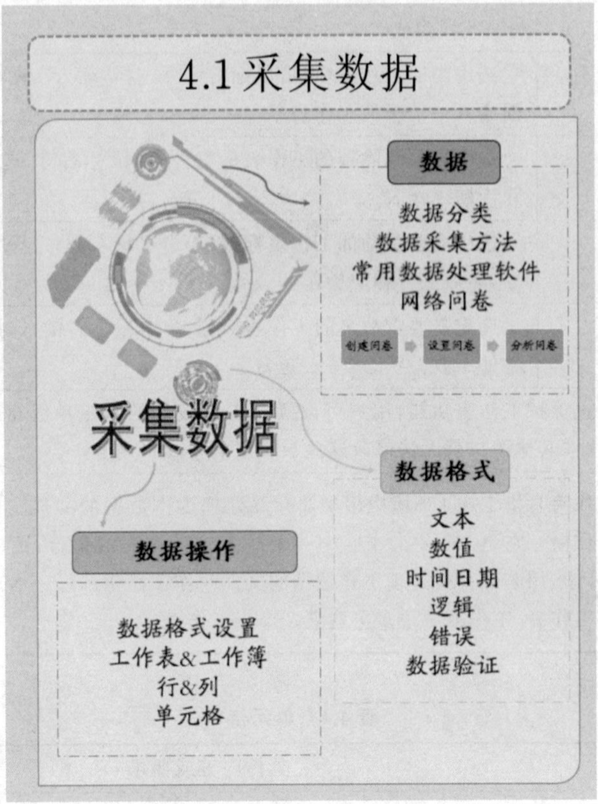

图 4.1 知识图谱——采集数据

4.1.3 必备知识清单

具体见表 4.2 至表 4.5。

表 4.2 数据

知识点	具体内容或要求
内涵	数据是人们通过对客观事物及其相互关系的观察和测量而得到的事实。 数据的表现形式和载体,可以是符号、文字、数字、语音、图像、视频等
分类	结构化数据(列车时刻表)、半结构化数据(网页)、非结构化数据(音频、图像)
采集方法	人工采集、自动化采集、网络问卷采集、外部导入

续表4.2

知识点	具体内容或要求
制作网络问卷	创建问卷→设置问卷→分析问卷

表 4.3　Excel 工作簿和工作表(Sheet)

知识点	具体内容或要求	
工作表(Sheet)	工作表就是一张二维数据表,用来反映同一类事物的相关信息。一个工作表可以由1048576 行和 256 列构成	
操作方法	插入	选中当前工作表,点击鼠标右键并选择“插入”,就可以在当前工作表的前面插入一个新的工作表
	删除	选中需要删除掉的工作表标签,单击鼠标右键,选择“删除”命令,可以删除当前工作表
	移动复制	选中需要移动的工作表标签,单击鼠标右键,选择“移动或复制工作表”命令,然后进行相应操作
	重命名	选定需要重命名的工作表标签,单击鼠标右键,选择“重命名”使工作表标签处于改写状态,写入新名字
保护工作表	通过保护工作表功能,用户可以锁定工作表上的特定单元格,然后使用密码进行保护,这样其他用户就无法修改这些被锁定的单元格内容	
工作簿	工作簿是指 Excel 环境中用来储存并处理工作数据的文件。也就是说 Excel 文档就是工作簿。它是 Excel 工作区中一个或多个工作表的集合,其扩展名为“.XLSX”。在 Excel 中,用来储存并处理工作数据的文件叫作工作簿。每一本工作簿可以拥有许多不同的工作表,工作簿中最多可建立 255 个工作表	

表 4.4　单元格

知识点	具体内容或要求
内涵	单元格是表格中行与列的交叉部分,它是组成工作表的最小单位,可拆分或者合并。单个数据的输入和修改都是在单元格中进行的。单元格属于 Microsoft Excel /WPS 表格中使用的术语
单元格地址	简单的单元格地址可用当前单元格所处的列号和行号来命名,例 A1,H5。 一个完整的单元格地址,除了列号和行号以外,还要指定工作簿名和工作表名。其中,工作簿名用方括号“[]”括起来,工作表名与列号、行号之间用叹号“!”隔开,如[信息表.xlsx]Sheet1! A1
活动单元格	活动单元格是指 Excel 表格中处于激活状态的单元格,可以编辑输入数据,也可以对单元格的格式进行修饰。活动单元格可以是一个单元格,也可以是一个选取的范围

续表4.4

知识点		具体内容或要求
基本操作	插入	选择需要插入单元格的下方，单击鼠标右键，弹出快捷对话框后，选择“插入”命令，弹出插入对话框后，选择“活动单元格下移”
	删除	选中需要删除的单元格，单击鼠标右键，在弹出的菜单中选择“删除”
	选择多个单元格	先选择第一个单元格，然后按住鼠标左键不放并拖动到目标单元格；在选择第一个单元格后，按住 Shift 键的同时选择目标单元格即可以选择多个单元格。直接在名称框中输入单元格区域，再按回车键也可选中单元格区域，选择的多个单元格背景呈灰色
	选择不相邻的多个单元格	按住键盘上的 Ctrl 的同时，依次单击要选择的单元格，即可选择不相邻的多个单元格。也可以在名称格内输入要选择的单元格的行列号后，中间用“,”隔开，输入完成后按回车键，即可选择不相邻的多个单元格
	合并	选中需要合并的多个单元格，并在“开始”选项卡中选择“合并后居中”选项，多个单元格就会被合并成一个，并且内容会居中显示
	设置行高	手动调整行高、列宽：将鼠标移至需要调整的行号下方边缘处，当鼠标呈现上下双向箭头时，上下拖动鼠标即可调整行高。列宽亦如此。 设置行高和列宽的固定值：选择所有需要调整的行，在选取的位置内单击鼠标右键，在弹出的快捷菜单中选择“行高”选项。在弹出的“行高”对话框内输入行高数值，单击“确定”按钮即可。列宽亦如此
填充柄 		用于快速填充单元格的工具，它位于选定的单元格右下角，当鼠标指针移动到上面时，会变成细黑十字形，拖曳它即可完成对单元格的数据、格式、公式的填充。填充柄的主要功能包括复制单元格内容、填充序列、填充日期等
单元格格式设置		可在“设置单元格格式”对话框中完成单元格格式设置。其中包含 6 个选项卡：“数字”、“对齐”、“字体”、“边框”、“图案”、“保护”。 在此对话框中可以对单元格进行多个方面的设置，包括数据类型、文字格式、表格底纹以及数据保护等。这些设置在确保数据准确性的基础上使表格美观
条件格式		对分类数据设置条件，然后更改单元格区域的外观，如果条件为 True，则设置满足条件的单元格区域格式；如果条件为 False，则设置不满足条件的单元格区域格式。用数据条、色阶和图标集可以直观地显示数据，查看和分析数据

表 4.5　数据类型

类型	具体特征
数值型	数值型数据可以设置多种数字格式，如货币、百分比、小数、日期、时间、分数等。如果数字是以 0 开头，Excel 就会自动抹去，只保留有效部分
文本型	字符型数据在 Excel 中主要包括汉字、数字、英文字母和空格。若需要输入全数字的字符串（如邮政编码或电话号码），为防止 Excel 将其视为数值处理，可在数字前加单引号“’”

续表4.5

类型	具体特征
时间型、日期型	时间(日期)数据是一种特殊的数据类型,用于存储和计算日期和时间信息,还可以进行日期运算,如计算两个日期之间的天数、月数和年数
错误型	错误型数据是 Excel 中一种特殊的数据类型,通常用于标识数据中的错误或异常情况。这类数据通常以特定的错误代码或文本形式出现,以提醒用户数据可能存在问题或需要进一步验证
逻辑型	Excel 中的逻辑型数据仅包含两个值:TRUE 和 FALSE。这种数据类型通常用于存储真假、是非等逻辑信息。逻辑型数据在 Excel 中可以进行各种逻辑运算,如与、或、非等。此外,它还可以用于条件判断,例如 IF 函数、AND 函数和 OR 函数等
数据验证	用于限制单元格中可以输入的数据类型和范围,有助于保持工作表中的数据一致性和准确性,特别是在多人协作填表时,能够避免错填、误填的情况

4.1.4　典型例题

【例 1】适合用电子表格或关系数据库存储的是(　　)。

A.结构化数据　　B.半结构化数据　　C.非结构化数据　　D.文件系统

【答案】A

【解析】考查数据分类的理解情况。数据按其结构可以分为结构化数据、半结构化数据和非结构化数据。其中,结构化数据适合用电子表格或关系数据库存储,非结构化数据通常存储在文件系统中,半结构化数据存储在专用系统中。

【例 2】网络问卷是采集数据的有效工具,以下是通过网络问卷采集、分析数据的主要环节,正确的顺序是(　　)。

① 开启问卷,采集数据
② 输入问卷,设置回收期限
③ 分析问卷情况
④ 设计问卷题目
⑤ 确定问卷调查主题
⑥ 自定义分析数据
⑦ 导出问卷数据

A.①④②③⑤⑦⑥　　B.⑤④①②③⑥⑦
C.⑤④②①③⑦⑥　　D.③⑤④①②⑥⑧

【答案】C

【解析】本题主要考查学生对使用网络问卷采集数据方法的掌握情况。

其正确的顺序是确定问卷调查主题→设置问卷题目→输入问卷,设置回收期限→开启问卷,采集数据→分析问卷情况→导出问卷数据→自定义分析数据。

【例 3】Excel 中有关工作簿的概念,下列叙述错误的是(　　)。

A.一个 Excel 文件就是一个工作簿

B.一个 Excel 文件可包含多个工作簿

C.一个 Excel 工作簿首次默认创建 3 张工作表

D.一个 Excel 工作簿可包含多张工作表

【答案】B

【解析】工作簿是指 Excel 环境中用来储存并处理工作数据的文件，亦可称为 Excel 文档。它是 Excel 工作区中一个或多个工作表的集合，各工作表中的数据和格式设置均相对独立地保存，确保了数据的完整性与独立性。在 Excel 中，用来储存并处理工作数据的文件叫作工作簿。每个工作簿可以拥有许多不同的工作表，工作簿中最多可建立 255 个工作表，以满足多样化的数据处理需求。

工作表作为工作簿的组成部分，呈现为二维数据表格形式，旨在集中反映某一类别事物的相关信息。通过工作表，用户可以系统地收集、整理与存储数据，实现数据的有效管理与利用。

【例 4】Excel 中不能对工作表进行的操作是(　　)。

A.插入和删除工作表　　B.移动和复制工作表

C.修改工作表名称　　D.恢复被删除的工作表

【答案】D

【解析】选中工作表标签后点击鼠标右键，将会弹出一个操作菜单，其中包含所有可以对当前工作表进行的操作。其中常用的功能涵盖插入、删除、移动或复制工作表，以及重命名和设置工作表标签颜色，这些操作能迅速帮助用户区分不同类型的工作表。此外，还能对工作表进行隐藏处理，确保工作表中数据的保密性和安全性。工作表被删除后是不能在 Excel 中进行恢复的，因此必须慎重操作。

【例 5】工作簿是 Excel 中存储电子表格的基本文件，其系统默认扩展名为(　　)。

A..XLSX　　B..DOCX　　C..PPTX　　D..TXT

【答案】A

【解析】工作簿是指 Excel 环境中用来储存并处理工作数据的文件。也就是说 Excel 文档就是工作簿。它是 Excel 工作区中一个或多个工作表的集合，其扩展名为“.XLSX”。

“.DOCX”是 Office Word 2007 之后的版本使用的文档文件类型。

“.PPTX”是 PowerPoint2007 及以上版本中默认保存文件的格式，是幻灯片演示文稿格式。

“.TXT”是一种纯文本文档，通常只包含字符和保存的文本，没有样式、字体、大小、颜色等任何格式化信息。

【例 6】Excel 可以表示若干单元格所构成的矩形区域地址，其表示形式是在起始地址和终止地址之间用(　　)分隔。

A.:(冒号)　　B.;(分号)　　C.,(逗号)　　D.任意符号

【答案】A

【解析】在选择第一个单元格后，按住 Shift 键的同时选择目标单元格即可以选择多个单元格，例如选中区域表示为 A1:H5，那就是一共有 40 个单元格。

按住键盘上 Ctrl 键的同时，依次单击要选择的单元格即可选择不相邻的多个单元格，用“,(逗号)”隔开。

【例 7】在 Excel 中，如果要选择多个不相邻的工作表，则可在先按住(　　)键的同时，用鼠标逐个单击所需要的工作表的标签。

A.Shift　　B.Alt　　C.Ctrl　　D.Esc

【答案】C

【解析】在 Excel 工作表中，同时选择多个不相邻的工作表，可以在按住 Ctrl 键的同时依次单击各个工作表的标签。

【例 8】(多选题)以下哪些项属于在设置网络问卷时，尊重并注意保护了填卷人的个人隐私？(　　)。

A.遵守法律法规　　B.最小化原则

C.使用加密技术　　D.企业自律

【答案】ABCD

【解析】①遵守法律法规：遵守相关法律法规，特别是涉及个人信息保护的法律法规。

②最小化原则：只采集和处理必要的个人信息，避免收集无关信息。同时，只在法律法规允许的范围内使用和共享个人信息。

③加密技术：采用先进的加密技术，确保个人信息在传输和存储过程中的安全性。

④用户教育和培训：提高用户对个人隐私保护的意识，使他们了解自己的权益，并知道如何保护自己的隐私。

⑤企业自律：鼓励企业自主建立数据保护政策和程序，对员工进行数据安全培训，确保他们了解并遵守相关法律法规。

⑥应对挑战：随着法律法规和技术的发展，数据采集和隐私保护面临的挑战也在不断增加。因此，我们需要不断更新和完善我们的政策和程序，以应对这些挑战。

【例 9】建立一个“学生详细信息登记表”表格，练习工作簿的创建、数据的录入、单元格和工作表的基本操作。

学生信息见表 4.6。

表 4.6　学生详细信息登记表

序号	姓名	性别	班级	出生年月日	手机号码
00801001	李峰	男	8 年级 1 班	2006 年 3 月 18 日	16787659999
00801002	周丽	女	8 年级 1 班	2005 年 6 月 26 日	19787129911
00801003	张海妍	女	8 年级 2 班	2004 年 10 月 12 日	13490879999
00801004	王国轩	男	8 年级 3 班	2006 年 12 月 12 日	19987650043

操作要求如下：

① 将表格中 A1:F1 区域的单元格合并后居中，输入标题，将标题字体设置为宋体，字号为 20 磅，颜色为红色。

② 输入表头，包括序号、姓名、性别、班级、出生年月日和手机号码，设置字体为宋体，小四号，水平居中对齐。

③ 正确输入序号、姓名、出生年月日等详细信息。然后将表格内字体设置为“楷体”，“14 号”，居中靠下，蓝色，表格内底纹是浅黄色，为表格添加红色双实线外边框。

④ 在表格中的“出生年月日”一列的左侧插入一列，输入“年龄”。

⑤ 将工作表标签重命名为“学生信息表”，保存工作簿。

【解析步骤】

① 选择表格中 A1:F1 区域的单元格，单击"开始"选项卡中"合并"的下拉按钮，选择"合并居中"。选中标题设置字体、字号和颜色，如图 4.2 所示。

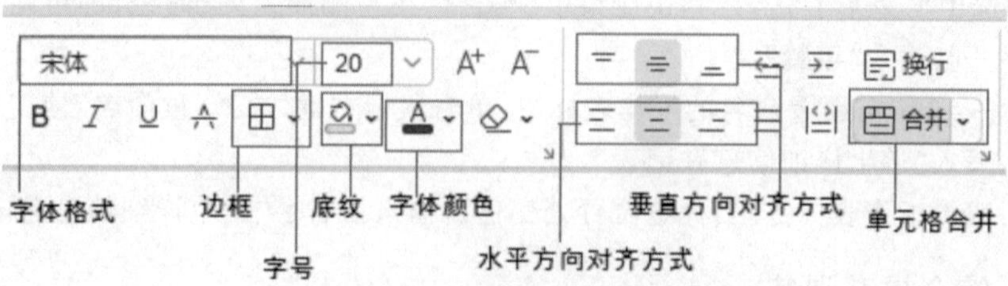

图 4.2　"开始"选项卡图例

② 正确输入表头信息，然后选中 A2:F2 单元格区域，设置水平对齐方向为居中。

③ 序号列中的信息由 0 开头，所以序号"00801001"判定为文本型的数字，使用英文输入法中的单引号+序号可以正确输入文本型数据。"出生年月日"属于时间日期型数据，输入日期型数据时用斜线"/"或短横线"-"分隔年、月、日部分；输入时间型数据时用冒号":"分隔时、分、秒部分，如"10:27:52"。正确输入序号列后，选中表标题后点击鼠标右键，在"设置单元格格式"对话框"字体"选项卡中将表标题设置为"楷体"，"14 号"，居中靠下，蓝色。然后选中表格内容点击鼠标右键，在"设置单元格格式"对话框"边框"选项卡中设置红色双实线的外边框，在"设置单元格格式"对话框"图案"选项卡中设置黄色底纹，如图 4.3 所示。

图 4.3　单元格格式

④ 在A3单元格中正确输入序号后，将鼠标移动至单元格右下角，当鼠标变成黑色十字形状时，按住鼠标左键向下拖动，拖动完成后，在结果区域右下角出现“自动填充选项”按钮，单击此按钮，在打开的下拉菜单中可以选择“填充序列”，实现数据的填充。

⑤ 鼠标选中E列后右击，在其快捷菜单中选择“在左侧插入列”命令，即可在出生年月日的左侧插入一列，输入“年龄”。

⑥ 方法一：选定需要重命名的工作表标签，单击鼠标右键，选择“重命名”使工作表标签处于改写状态，写入“学生详细信息登记表”。

方法二：双击工作表标签，当标签位置处变色后输入新名字“学生详细信息登记表”。

4.1.5 综合提升训练

4.1.5.1 单选题

(1) 人们通过对客观事物及其相互关系的观察和测量而得到的事实是(　　)。

A.数字　　B.信息　　C.数据　　D.文字

(2) 要掌握社区居民的读书情况，可通过数据采集形成(　　)，便于数据的后期加工、分析。

A.结构化数据　　B.半结构化数据　　C.非结构化数据　　D.文件系统

(3) 以二维表格形式存储数据时，同一个(　　)中的数据项存储的数据具有相同的属性。

A.表头行　　B.数据行　　C.数据列　　D.表结构

(4) 下列选项不属于常用数据处理软件的是(　　)。

A.电子表格软件　　B.MySQL　　C.文字处理软件　　D.Access

(5) 如果在电子表格中输入身份证号码，要把单元格数据设置为(　　)。

A.数值　　B.日期　　C.文本　　D.科学记数

(6) 网络问卷是采集数据的有效工具，下列选项中不属于常用网络问卷网站的是(　　)。

A.腾讯问卷　　B.问卷星　　C.金数据　　D.百度云

(7) 突出显示符合一定条件的单元格，可以使用(　　)。

A.条件筛选　　B.条件格式　　C.自动套用格式　　D.单元格格式

(8) 将Word、WPS文字表格中的数据添加到电子表格中，正确的操作是(　　)。

A.直接粘贴　　B.选择性粘贴　　C.导入　　D.手工输入

(9) 在电子表格中，为了避免输入不在指定范围内的数据，可以设置(　　)。

A.数据保护　　B.数据验证(数据有效性)

C.拼写检查　　D.数据完整性

(10) 若选择多个不连续的单元格，正确的操作是(　　)。

A.按住Shift键，依次单击多个单元格

B.按住Ctrl键，依次单击多个单元格

C.单击其中一个单元格，再按住Shift键，依次单击其余单元格

D.单击其中一个单元格，再按住Ctrl键，依次单击其余单元格

(11) 在Excel 2010中，已知某单元格的格式为000.00，值为23.785，则显示的内容为(　　)。

A.23.78　　B.23.79　　C.23.785　　D.023.79

(12) 在 WPS 表格和 Excel 中,若单元格中的数字显示为一串“#”号,应采取的措施是(　　)。

A.改变列的宽度,重新输入

B.将列的宽度调整到足够大,使相应数字显示出来

C.删除数字,重新输入

D.扩充行高,使相应数字显示出来

(13) 在 WPS 表格和 Excel 中,当对多个都包含数据的单元格进行合并操作时,(　　)。

A.所有的数据都会丢失

B.所有的数据合并放入新的单元格

C.只保留左上角单元格中的数据

D.只保留右上角单元格中的数据

(14) WPS 表格和 Excel 没有(　　)视图方式。

A.普通视图　　B.分页预览视图　　C.大纲视图　　D.页面视图

(15) 在 WPS 表格和 Excel 中,“Delete”和“全部清除”命令的区别在于(　　)。

A.“Delete”命令可删除单元格的内容、格式和批注

B.“Delete”命令仅能删除单元格的内容、批注,不能删除格式

C.“全部清除”命令可删除单元格的内容、格式和批注

D.“全部清除”命令仅能删除单元格的内容

(16)不可在一个工作表中插入(　　)。

A.行　　B.列　　C.单元格　　D.工作表

(17) 下列关于电子表格中行和列的命名描述中正确的是(　　)。

A.行用字母表示,列用数字表示　　B.行用数字表示,列用字母表示

C.行和列均用字母表示　　D.行和列均用数字表示

(18) 下列关于电子表格工作簿、工作表和单元格的描述中正确的是(　　)。

A.工作簿、工作表和单元格是三个相互独立的数据存储单位

B.工作簿以文件形式存储,工作表和单元格则以表格形式存储

C.工作簿以文件形式存储,工作簿中可以存储工作表,工作表由单元格组成

D.单元格中可以存储工作表,工作表中可以存储工作簿

(19) Excel 是一种(　　)软件。

A.系统　　B.文字处理　　C.应用　　D.演示文稿

(20) 一个单元格的内容是 8,单击该单元格,编辑栏不可能出现的是(　　)。

A.8　　B.3+5　　C.=3+5　　D.=A2+B3

(21) 在 WPS 表格和 Excel 中,默认状态下输入“文本”的水平对齐方式为(　　)。

A.居中　　B.左对齐　　C.上对齐　　D.右对齐

(22) WPS 表格中,需要对当前工作表进行分页,将 1~18 行作为一页,余下的作为另一页,以下最优的操作方法是(　　)。

A.选中 A18 单元格,单击“页面布局”选项卡下“页面设置”功能组中的“分隔符/插入分页符”按钮

B.选中 A19 单元格,单击“页面布局”选项卡下“页面设置”功能组中的“分隔符/插入分页

符”按钮

C.选中 B18 单元格，单击“页面布局”选项卡下“页面设置”功能组中的“分隔符/插入分页符”按钮

D.选中 B19 单元格，单击“页面布局”选项卡下“页面设置”功能组中的“分隔符/插入分页符”按钮

(23) Excel 中，一个工作簿首次默认创建有(　　)个工作表。

A.1　　B.2　　C.3　　D.无数个

(24) Excel 工作表编辑栏中的名称框显示的是(　　)。

A.当前单元格的内容　　B.单元格区域的地址名字

C.单元格区域的内容　　D.当前单元格的地址名字

(25)在 Excel 中，“A4:B5”代表(　　)。

A.A4、A5　　B.A4、A5、B4、B5　　C.B4、B5　　D.A4、B5

(26)在 Excel 中，(　　)单元格可拆分。

A.几个　　B.合并过的　　C.活动　　D.任意

(27) 小李在 WPS 表格中整理职工档案，希望“性别”一列只能从“男”“女”两个值中进行选择，否则系统提示错误信息，最优的操作方法是(　　)。

A.通过 If 函数进行判断，控制“性别”列的输入内容

B.请同事帮忙进行检查，错误内容用红色标记

C.设置条件格式，标记不符合要求的数据

D.设置数据有效性，控制“性别”列的输入内容

(28) 小金从网站上查到了最近一次全国人口普查的数据表格，他准备将这份表格中的数据引用到 WPS 表格中以便进一步分析，最优的操作方法是(　　)。

A.对照网页上的表格，直接将数据输入到 WPS 表格的工作表中

B.通过复制、粘贴功能，将网页上的表格复制到 WPS 表格的工作表中

C.通过 WPS 表格中的“自网站获取外部数据”功能，直接将网页上的表格导入到 WPS 表格的工作表中

D.先将包含表格的网页保存为.htm 或.mht 格式文件，后在 WPS 表格中直接打开该文件

(29) 小江需要在 Word 中插入一个利用 Excel 制作好的表格，并希望 Word 文档中的表格内容随 Excel 源文件的数据变化而自动变化，最快捷的操作方法是(　　)。

A.在 Word 中通过“ 插入 ”→“ 对象 ”功能插入一个可链接到源文件的 Excel 表格

B.复制 Excel 数据源，然后在 Word 右键快捷菜单上选择带有链接功能的粘贴选项

C.在 Word 中通过“ 插入 ”→“ 表格 ”→“ Excel 电子表格 ”命令链接表格

D.复制 Excel 数据源，然后在 Word 中通过“ 开始 ”→“ 粘贴 ”→“ 选择性粘贴 ”命令进行粘贴链接

(30) 赵老师在 Excel 中为 400 位学生每人制作了一个成绩条，每个成绩条之间有一个空行分隔 。他希望同时选中所有成绩条及分隔空行，最快捷的操作方法是(　　)。

A.直接在成绩条区域中拖动鼠标进行选择

B.单击成绩条区域的第一个单元格，按下 Shift 键不放再单击该区域的最后一个单元格

C.单击成绩条区域的第一个单元格，然后按 Ctrl＋Shift＋End 组合键

D.单击成绩条区域的某一个单元格，然后按 Ctrl＋A 组合键两次

4.1.5.2　填空题

(1) 设计调查问卷时，若问卷数据项涉及隐私内容，应该设置为____________。

(2) 某单元格名称为 B6，则该单元格位于____________。

(3) 在单元格中输入数字前先输入____________，软件会把输入的数字自动作为文本处理。

(4) 在工作表中输入数据时，Tab 键的作用是____________。

(5) 在输入“编号”等具有连续性的数据或有规律变化的数据时，可以利用软件提供的____________功能来实现。

(6) 双击工作表标签可以进行工作表名称的____________。

(7) Excel 中的数据也可以通过____________来获取。

4.1.5.3　判断题

(　　)(1) 一个电子表格工作簿最多只能包括三个工作表。

(　　)(2) 在采集数据前不需要拟定数据采集的方案，可以边做边定。

(　　)(3) 导入数据时，不需要对数据进行查验，直接导入即可。

(　　)(4) 数据库软件是专业的数据处理软件，有商业版和开源版之分，MySQL 是商业版。

(　　)(5) 在线数据处理平台可方便企业和个人进行协同工作，提高工作和生产效率。

4.1.5.4　综合实践

(1) 任务一

请在电子表格(表 4.7)中操作如下快捷键，注意观察活动单元格的变化。

表 4.7　电子表格

快捷键	意义
光标键(↓→↑←)	
HOME	
PAGE DOWN	
CTRL＋光标键(↓→↑←)	
CTRL＋END	
CTRL＋HOME	

(2) 任务二

根据生活与学习中的知识积累，讨论表 4.8 中提到的数据采集方式的特点和应用领域，并填写表格。

表 4.8　数据采集方式的特点和应用领域

数据采集方式	特点	应用领域
通过键盘输入数据是最常见的人工采集的方式		

续表4.8

数据采集方式	特点	应用领域
通过仪器设备监测记录数据		
通过网络搜索与爬取数据		
信息系统业务流程自动产生和存取数据		

4.1.6 学习手札

____

____

____

____

____

____

4.2 加工数据

同学们，大家好！在我们日常的工作和学习中，数据无处不在，而如何高效处理这些数据，使之转化为有价值的信息，是我们每个人都应掌握的重要技能。今天，我们将一起探索数据处理过程中的一个重要环节——加工数据。

想象一下，在学校运动会结束后，我们需要根据各个赛项的成绩来计算各班的积分，从而确定团体名次，并查看积分前五名的班级。这个过程其实就是一个典型的数据加工过程。通过一系列的计算、排序和分析，我们能够从原始数据中提炼出有用的信息，为决策提供依据。

电子表格软件，如我们熟知的 Excel，为我们提供了强大的数据加工工具。其中，函数、排序、筛选、分类汇总等功能，都是我们在加工数据时不可或缺的得力助手。它们能够帮助我们快速地进行数据的计算、排序、筛选和汇总，从而大大提高我们的工作效率。

那么，如何运用这些工具来有效地加工数据呢？这就是我们本节课要深入探讨的内容。通过本节课的学习，你将掌握如何在电子表格软件中使用函数进行数据的计算，如何对数据进行排序和筛选，以及如何进行分类汇总等实用技能。

所以，同学们，让我们一起走进数据加工的世界，用我们的智慧和技能，将原始的数据转化为有价值的信息，为我们的工作和生活增添更多的便利和精彩吧！

4.2.1 目标导航

(1) 理解公式、函数、排序、筛选和分类汇总等常用数据处理方法的作用；

(2) 理解单元格引用、主要关键字、次要关键字、升序和降序等的含义；
(3) 掌握数据格式的设置方法，实现美化表格的作用；
(4) 掌握使用函数和公式对原始数据进行运算加工、生成新数据的方法；
(5) 掌握使用排序和筛选浏览数据的方法，从而实现高级筛选和自定义排序；
(6) 掌握使用分类汇总生成统计数据的方法。

4.2.2　知识图谱

具体如图 4.4 所示。

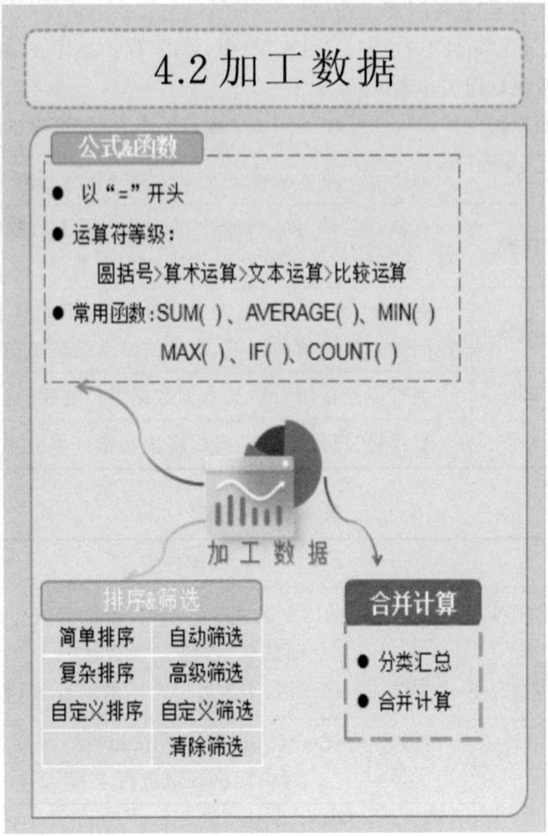

图 4.4　知识图谱——加工数据

4.2.3　必备知识清单

具体见表 4.9 至表 4.15。

表 4.9　公式

知识点	具体内容
公式的定义	是对工作表中的数值执行计算的等式，以“=”开头，由数字、运算符、单元格引用、名称和内置函数构成

续表4.9

<table>
<tr><th>知识点</th><th colspan="2">具体内容</th></tr>
<tr><td>复制公式</td><td colspan="2">方法一：选中包含公式的单元格，利用“复制”“粘贴”命令完成公式复制。
方法二：选中包含公式的单元格，拖动填充柄选中所有需要运用此公式的单元格，释放鼠标后，公式即被复制</td></tr>
<tr><td>隐藏公式</td><td colspan="2">用户不能在编辑栏或单元格中看到已隐藏的公式，也不能编辑公式。
方法一：右击要隐藏公式的单元格区域，从弹出的快捷菜单中选择“设置单元格格式”命令，打开“设置单元格格式”对话框，切换到“保护”选项卡，选中“锁定”和“隐藏”复选框，单击“确定”按键返回工作表。
方法二：在“审阅”选项卡的“更改”组中，单击“保护工作表”按钮，使用默认设置后单击“确定”按钮返回工作表。
如果想取消保护，单击“更改”组中的“撤销工作表保护”按钮即可</td></tr>
<tr><td rowspan="5">运算符</td><td>运算顺序</td><td>圆括号→算术运算→文本运算→比较运算</td></tr>
<tr><td>算术运算符</td><td>有加、减、乘、除、百分比、乘方等，用于对数值型单元格或数值进行计算，运算数据和运算结果均为数值型数据</td></tr>
<tr><td>比较运算符</td><td>有等于、大于、小于、大于或等于、小于或等于和不等于，用于左右两端相同数据类型值的比较，产生的结果是逻辑值 TRUE 和 FALSE</td></tr>
<tr><td>文本运算符</td><td>字符串连接用于对文本型数据进行连接，运算结果是文本型数据</td></tr>
<tr><td>引用运算符</td><td>有冒号、逗号、空格，可以将单元格区域引用合并计算的运算符号</td></tr>
</table>

表 4.10 函数

知识点	具体内容
函数的定义	是表格软件中预先定义好的内置公式，是一种特殊的公式，可以完成复杂的数据计算。 ＝函数名(参数 1，参数 2，…) 在某些情况下，可能要将一个函数作为另一个函数的参数，实现函数的嵌套
SUM() 函数	＝SUM(number1，[number2]，…) 对单元格区域进行求和
AVERAGE() 函数	＝AVERAGE(number1，[number2]，…) 计算平均值
MIN()函数 MAX()函数	＝MIN(number1，[number2]，…) ＝MAX(number1，[number2]，…) 分别用于选择区域或单元格中的最小值和最大值
COUNT() 函数	＝COUNT(value1，[value2]，…) 其中 value 是要进行统计的数值或数值范围，主要用于计算包含数字的单元格以及参数列表中数字的个数
ROUND() 函数	＝ROUND(number，num_digits) 其中 number 是要进行四舍五入的数字，num_digits 是指定的位数，按此位数进行四舍五入

续表4.10

知识点	具体内容
IF() 函数	＝IF(logical_test,value_if_true,value_if_false) "logical_test"为判断条件,"value_if_true"是满足条件时输出的结果,"value_if_false"是不满足条件时输出的结果。此函数是根据逻辑计算的真假值,从而返回相应的内容,可以使用 IF 函数对数值和公式进行条件检测
MID() 函数	＝MID(Text,Start_Num,Num_Chars) "Text"是文本,"Start_Num"是起始位置,"Num_Chars"是提取字符长度,一般无论是汉字、字母还是数字都算一个字符。此函数的作用是从一个字符串中截取指定数量的字符
LEFT() 函数	＝LEFT(text,num_chars) "text"代表用来截取的单元格内容,"num_chars"代表从左开始截取的字符数。此函数的作用是从字符串的左边开始截取 n 个字符
RANK() 函数	＝RANK(number,ref,[order]) "number"为需要排名的那个数值或者单元格名称(单元格内必须为数字),"ref"为排名的参照数值区域,"order"为 0 是降序的排位值,为 1 是升序的排位值
VLOOKUP() 函数	＝VLOOKUP(内容,查找区域,返回列,匹配方式) 此函数用于在指定表格区域的第 1 列中查找指定的内容,返回匹配的行中的指定列的内容

表 4.11　单元格引用

知识点	具体内容
内涵	其作用是标识工作表中的一个单元格或一组单元格,以便说明要使用哪些单元格中的数据。Excel 单元格的引用包括绝对引用、相对引用和混合引用三种。在 Excel 中输入公式时,只要正确使用 F4 键,就能简单地对单元格的相对引用和绝对引用进行切换
相对引用	是以某个单元格的地址为基准来决定其他单元格地址的方式。在公式中,如果有对单元格的相对引用,则当公式移动或复制时,将根据移动或复制的位置自动调整公式中引用的单元格的地址。Excel 默认的单元格引用为相对引用
绝对引用	是指向使用工作表中位置固定的单元格,如果公式所在单元格的位置改变,绝对引用的单元格始终保持不变。如果多行或多列地复制公式,绝对引用将不作调整。使用绝对引用时,要在行号和列号前加"＄"符号,如＄A＄1
混合引用	具有绝对列和相对行,或是绝对行和相对列,混合使用相对引用与绝对引用,如＄A1,A＄1

表 4.12 排序

知识点	具体内容
作用	对一列或多列中的数据按文本(升序或降序)、数字(升序或降序)及日期和时间(升序或降序)进行排序,还可以按自定义序列或格式(包括单元格颜色、字体颜色或图标集)进行排序。大多数排序操作都是针对列进行的
简单排序	是指设置一个排序条件进行数据的升序或降序排序
复杂排序	是指按多个字段进行数据排序,在“排序”对话框中可以设置一个主要关键字、多个次要关键字,每个关键字均可按“升序”或“降序”排列
自定义排序	使用自定义序列按自己定义的顺序进行排序,在“排序”对话框中,选择要进行自定义排序的关键字,在其对应的“次序”下拉列表框中选择“自定义序列”选项,打开“自定义序列”对话框,选择或建立需要的排序序列即可

表 4.13 筛选

知识点	具体内容
操作步骤	是指在对某列数据设置条件后找出符合条件的数据记录,即只显示符合条件的数据,隐藏不符合条件的数据
自动筛选	是指工作表中只显示满足给定条件的数据
高级筛选	需要对某字段数据设置多个复杂筛选条件时,可以通过自定义自动筛选的方式进行设置
自定义筛选	使用高级筛选时必须在数据区域以外建立一个条件区域,一个条件区域至少要包含两行或两个单元格,其中第一行中要输入字段名称(与表中字段相同),第二行及以下各行则输入对该字段的筛选条件。具有“与”关系的多重条件放在同一行,具有“或”关系的多重条件放在不同行。 高级筛选结果可以显示在源数据表格中,不符合条件的数据则被隐藏起来,也可以设置新的目标位置显示筛选结果,而源数据表不变
清除筛选	需要清除工作表中的自动筛选和自定义筛选,使工作表恢复到初始状态

表 4.14 分类汇总

知识点	具体内容
创建 分类汇总	是指对某个字段的数据进行分类,并快速对各类数据进行汇总统计。汇总的类型有求和、计数、平均值、最大值、最小值等,默认的汇总方式是求和。 创建分类汇总时,先要对分类的字段进行排序。创建数据分类汇总后,Excel 会自动按汇总时的分类对数据清单进行分级显示,便于查看各级别的分级数据

续表4.14

知识点	具体内容
嵌套分类汇总	如果需要在一个已经建立了分类汇总的工作表中再进行另一种分类汇总，两次分类汇总时使用不同的关键字，即嵌套分类汇总。 需要在进行分类汇总操作前，对主要关键字和次要关键字进行排序。进行分类汇总时，将主要关键字作为第一级分类汇总关键字，将次要关键字作为第二级分类汇总关键字
删除分类汇总	若想取消分类汇总，只需在“分类汇总”对话框中单击“全部删除”按钮即可

表 4.15　合并计算

知识点	具体内容
作用	利用 Excel 2010 的合并计算功能可以将两个或多个单元格（工作表）中的数据进行计算汇总，并显示在一个单元格中。存放计算结果的区域称为目标区域；提供合并数据的区域称为数据源区域。目标区域与数据源区域可在同一个工作表内，也可在不同的工作表或工作簿内，或多个工作表（工作簿）内
按位置合并	按位置合并适用于表格结构和内容完全相同的场景
按类别合并	按类别合并适用于表格结构和内容不完全相同的场景。即使两个表格的结构不同，仍可以进行合并

4.2.4　典型例题

【例 1】在 Excel 2010 中，公式必须以（　　）开头。

A.文字　　B.字母　　C.＝　　D.数字

【答案】C

【解析】在 Excel 中，公式必须以等号“＝”开头。当你在一个单元格中输入等号时，Excel 会识别接下来的内容为一个公式或函数。

【例 2】对单元格中的公式进行复制时，（　　）地址会发生变化。

A.相对地址中的偏移量发生变化

B.相对地址所引用的单元格

C.绝对地址中的地址表达式

D.绝对地址所引用的单元格

【答案】B

【解析】当复制含有相对引用的公式时，相对地址所引用的单元格会发生变化，因为它们是基于与原单元格的相对位置进行调整的。而绝对引用（选项 C 和 D）则保持不变，不会随着公式的复制而改变。选项 A 描述的是相对引用的行为，但更准确的说法是相对引用所指向的单元格发生变化，而不是“偏移量”本身发生变化。

【例 3】在单元格 E2 中计算 B2：D2 三个单元格数值的总和，可以使用公式“＝B2＋C2＋

D2”,也可以使用函数“=SUM(B2:D2)”,如果在B列和C列之间增加一列,以下说法正确的是(　　)。

A.公式会自动更新为“=B2+C2+D2+E2”

B.函数会自动更新为“=SUM(B2:E2)”

C.两种方法都不会自动更新

D.两种方法都会自动更新

【答案】D

【解析】输入公式“=B2+C2+D2”,当在B列和C列之间插入一列时,原来的C2会变成新的C2,原来的D2会变成E2。因此,公式=B2+C2+D2会自动更新为=B2+C2+D2+E2。这是因为Excel会根据插入列的位置自动调整相对引用。

输入函数“=SUM(B2:D2)”,当在B列和C列之间插入一列时,原来的范围B2:D2会自动扩展为B2:E2。因此,函数=SUM(B2:D2)会自动更新为=SUM(B2:E2)。这是因为Excel会根据插入列的位置自动调整范围引用。

综上所述,两种方法都会自动更新。只要计算范围和逻辑关系正确,不管是使用函数还是公式都可以达到同样的效果。

【例4】以下关于排序的说法,错误的是(　　)。

A.将表格按某列排序,只需把光标定位在该列的某个单元格

B.对表格进行排序可以有多个排序条件

C.对表格进行排序,可以把光标定位在工作表的任何位置

D.不仅将表格可以按列排序,还可以将表格按行排序

【答案】C

【解析】虽然在某些情况下Excel可以智能地识别数据区域,但是为了确保排序操作的准确性和避免影响到其他数据,最好的做法是明确选定你要排序的数据区域。如果光标定位在一个不相关的单元格上,Excel可能无法正确识别需要排序的范围,或者可能只对当前选中的单元格进行排序,这可能会导致不符合预期的结果。

【例5】(多选题)Excel 2010中筛选数据的方法包括(　　)。

A.高级筛选　　B.选择　　C.有效数据　　D.自动筛选

【答案】AD

【解析】在Excel 2010中,高级筛选允许用户根据更复杂的条件来筛选数据,包括使用自定义的筛选条件区域。它可以用于创建独特的筛选结果,比如将筛选结果复制到其他位置。

选择通常指的是选定单元格或数据范围的操作,而不是筛选数据的方法。

有效数据指的是数据验证,它用来限制可以在单元格中输入的数据类型或值,但不是用来筛选数据的。

自动筛选(也称为快速筛选)是更常用的筛选数据方法,它允许用户通过下拉列表选择要显示的数据项。自动筛选可以直接应用于数据列表,并且可以很容易地清除或修改筛选条件。

【例6】职工分房资格计算

本实训目的是制作职工分房分数计算表。为了改善职工的住房条件,单位准备为一些职工分配住房,需根据职称、年龄、工龄、现有住房情况等决定住房标准和住房资格。利用Excel的函数处理该题,操作简单而快捷。本实训知识点涉及日期函数和条件函数。

【操作步骤】

(1) 新建工作簿

在工作表 Sheet1 第 2 行输入表名“分房基本情况统计表”，在第 4 行输入项目名称，并填入各职工的相关情况，如图 4.5 所示。

	A	B	C	D	E	F	G	H	I	J	K	L
1												
2	分房基本情况统计表											
3												
4	序号	姓名	职称	生日	参加工作日期	现在房间数	职积分	年龄分	工龄分	总分	应住房标准	分房资格
5	0101	袁璐	教授	1975年2月8日	1993年9月1日	4						
6	0102	马晓希	副教授	1980年9月13日	2000年9月1日	2.5						
7	0103	孙佳怡	讲师	1989年8月28日	2015年9月1日	2						
8	0104	白芸	讲师	1990年10月27日	2014年9月1日	0						
9	0105	邱大同	助教	1997年3月30日	2017年9月1日	0						
10	0106	王倪	工人	1994年10月1日	2012年9月1日	1						
11	0107	吕帅	工人	1990年1月1日	2016年9月1日	2						
12												

图 4.5　分房基本情况统计表

(2) 计算职称分

职称分计算标准：教授 25 分，副教授 20 分，讲师 15 分，其他员工 5 分。选择单元格 G5，输入公式“=IF(C5=“教授”,25,IF(C5=“副教授”,20,IF(C5=“讲师”,15,5)))”，按 Enter 键结束公式的输入，如图 4.6 所示。

序号	姓名	职称	生日	参加工作日期	现在房间数	职积分	年龄分	工龄分	总分	应住房标准
0101	袁璐	教授	1975年2月8日	=IF(C5="教授", 25, IF(C5="副教授", 20, IF(C5="讲师", 15, 5)))						
0102	马晓希	副教授	1980年9月13日	2000年9月1日						
0103	孙佳怡	讲师	1989年8月28日	2015年9月1日	IF (测试条件, 真值, [假值])					
0104	白芸	讲师	1990年10月27日	2014年9月1日	0	15				
0105	邱大同	助教	1997年3月30日	2017年9月1日	0	5				
0106	王倪	工人	1994年10月1日	2012年9月1日	1	5				
0107	吕帅	工人	1990年1月1日	2016年9月1日	2	5				

图 4.6　计算职称分

选中单元格 G5，右击鼠标，在快捷菜单中选择“复制”命令；选定 G6:G11 区域，右击鼠标，在快捷菜单中选择“粘贴”命令。这样通过公式的复制即可计算其他人的职称分。

(3) 计算年龄分和工龄分

年龄分计算标准：每年 1 分(截至 2024 年)。年龄分计算：选择单元格 H5，输入公式“=2024−YEAR(D5)”，按 Enter 键结束公式的输入。通过公式填充，计算其他人的年龄分，如图 4.7 所示 。

	A	B	C	D	E	F	G	H	I
1									
2	分房基本情况统计表								
3									
4	序号	姓名	职称	生日	参加工作日期	现在房间数	职积分	年龄分	工龄分
5	0101	袁璐	教授	1975年2月8日	1993年9月1日	4	=2024-YEAR(D5)		
6	0102	马晓希	副教授	1980年9月13日	2000年9月1日	2.5	20		
7	0103	孙佳怡	讲师	1989年8月28日	2015年9月1日	2	15	YEAR (日期序号)	
8	0104	白芸	讲师	1990年10月27日	2014年9月1日	0	15	34	

图 4.7　计算年龄分

工龄分计算标准，每年 0.5 分(同样截至 2024 年)。选择单元格 I5，输入公式“=(2024-YEAR(E5))/2”，按 Enter 键结束公式的输入。通过公式填充，计算其他人的工龄分，如图 4.8 所示 。

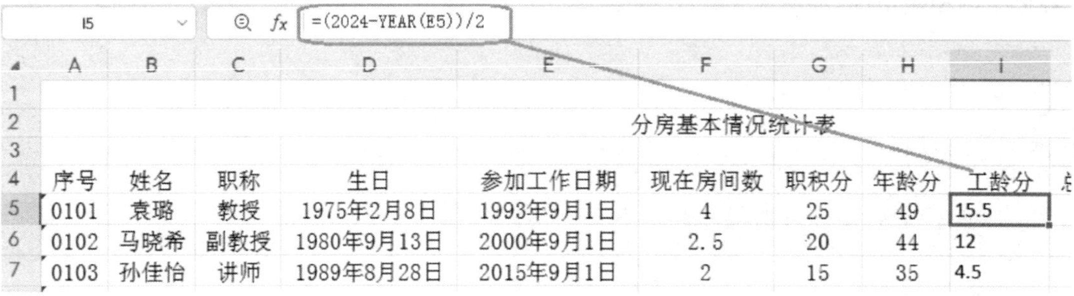

I5　　fx　=(2024-YEAR(E5))/2

	A	B	C	D	E	F	G	H	I
1									
2						分房基本情况统计表			
3									
4	序号	姓名	职称	生日	参加工作日期	现在房间数	职积分	年龄分	工龄分
5	0101	袁璐	教授	1975年2月8日	1993年9月1日	4	25	49	15.5
6	0102	马晓希	副教授	1980年9月13日	2000年9月1日	2.5	20	44	12
7	0103	孙佳怡	讲师	1989年8月28日	2015年9月1日	2	15	35	4.5

图 4.8　计算工龄分

(4) 计算总分

选定区域 G5:J11，单击工具栏上的“自动求和”按钮，即可完成 G5:J11 单元格的求和，如图 4.9 所示。各职称员工在现住房间数未达标的情况下才能参加分房。

J5　　fx　=SUM(G5:I5)

	A	B	C	D	E	F	G	H	I	J
1										
2						分房基本情况统计表				
3										
4	序号	姓名	职称	生日	参加工作日期	现在房间数	职积分	年龄分	工龄分	总分
5	0101	袁璐	教授	1975年2月8日	1993年9月1日	4	25	49	15.5	89.5
6	0102	马晓希	副教授	1980年9月13日	2000年9月1日	2.5	20	44	12	76
7	0103	孙佳怡	讲师	1989年8月28日	2015年9月1日	2	15	35	4.5	54.5
8	0104	白芸	讲师	1990年10月27日	2014年9月1日	0	15	34	5	54
9	0105	邱大同	助教	1997年3月30日	2017年9月1日	0	5	27	3.5	35.5
10	0106	王倪	工人	1994年10月1日	2012年9月1日	1	5	30	6	41
11	0107	吕帅	工人	1990年1月1日	2016年9月1日	2	5	34	4	43

图 4.9　计算总分

(5) 计算应住房标准和分房资格

应住房标准：教授 3 间，副教授 2.5 间，其他员工 2 间。选择单元格 K5，输入公式“=IF(C5=“教授”,3,IF(C5=“副教授”,2.5,2))”，按 Enter 键结束公式的输入。通过公式填充，计算其他职称员工的住房标准，如图 4.10 所示。

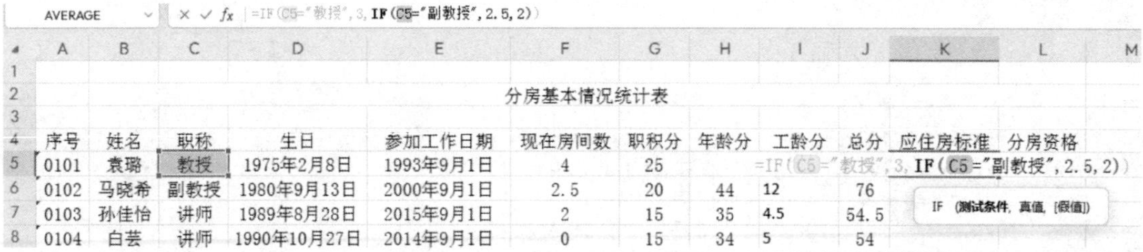

AVERAGE　　× ✓ fx　=IF(C5="教授",3,IF(C5="副教授",2.5,2))

	A	B	C	D	E	F	G	H	I	J	K	L
1												
2					分房基本情况统计表							
3												
4	序号	姓名	职称	生日	参加工作日期	现在房间数	职积分	年龄分	工龄分	总分	应住房标准	分房资格
5	0101	袁璐	教授	1975年2月8日	1993年9月1日	4	25	=IF(C5="教授",3,IF(C5="副教授",2.5,2))				
6	0102	马晓希	副教授	1980年9月13日	2000年9月1日	2.5	20	44	12	76	IF (测试条件, 真值, [假值])	
7	0103	孙佳怡	讲师	1989年8月28日	2015年9月1日	2	15	35	4.5	54.5		
8	0104	白芸	讲师	1990年10月27日	2014年9月1日	0	15	34	5	54		

图 4.10　计算应住房标准

分房资格：选中单元格 L5，输入公式“＝IF(F5＜K5,"有","无")”，按 Enter 键结束公式的输入。通过公式填充，计算其他人的分房资格，如图 4.11 所示。

	A	B	C	D	E	F	G	H	I	J	K	L	M
1													
2						分房基本情况统计表							
3													
4	序号	姓名	职称	生日	参加工作日期	现在房间数	职积分	年龄分	工龄分	总分	应住房标准	分房资格	
5	0101	袁璐	教授	1975年2月8日	1993年9月1日	4	25	49	15.5	89.5		=IF(F5<K5,"有","无")	
6	0102	马晓希	副教授	1980年9月13日	2000年9月1日	2.5	20	44	12	76	2.		
7	0103	孙佳怡	讲师	1989年8月28日	2015年9月1日	2	15	35	4.5	54.5	2	IF(测试条件, 真值, [假值])	
8	0104	白芸	讲师	1990年10月27日	2014年9月1日	0	15	34	5	54	2	有	

图 4.11 计算分房资格

满足分房条件的职工结果如图 4.12 所示。

分房基本情况统计表											
序号	姓名	职称	生日	参加工作日期	现在房间数	职积分	年龄分	工龄分	总分	应住房标准	分房资格
0101	袁璐	教授	1975年2月8日	1993年9月1日	4	25	49	15.5	89.5	3	无
0102	马晓希	副教授	1980年9月13日	2000年9月1日	2.5	20	44	12	76	2.5	无
0103	孙佳怡	讲师	1989年8月28日	2015年9月1日	2	15	35	4.5	54.5	2	无
0104	白芸	讲师	1990年10月27日	2014年9月1日	0	15	34	5	54	2	有
0105	邱大同	助教	1997年3月30日	2017年9月1日	0	5	27	3.5	35.5	2	有
0106	王倪	工人	1994年10月1日	2012年9月1日	1	5	30	6	41	2	有
0107	吕帅	工人	1990年1月1日	2016年9月1日	2	5	34	4	43	2	无

图 4.12 满足条件的职工结果图

4.2.5 综合提升训练

4.2.5.1 单选题

(1) 在当前单元格中引用 B5 单元格地址，相对地址引用的是(　　)。

A.B5　　B. $B5　　C.B$5　　D. B5

(2) 在 Excel 2010 中，下列(　　)方式是单元格的绝对引用。

A.A2　　B.A$2　　C. A2　　D. $A2

(3) (多选题)在 Excel 2010 中，可以按照(　　)对数据进行排序。

A.主要关键字　　B.次要关键字　　C.第三关键字　　D.图表

(4) 下列关于 Excel 2010 中排序问题的说法中错误的是(　　)。

A.可以使用工具栏中的“升序”或“降序”按钮

B.排序时关键字有时不止一个

C.在排序对话框的“当前数据清单”栏中选中“有标题行”，表示标题行不参加排序

D.只能对列排序，不能对行实现排序

(5) 在运动会赛项积分表中有“总分”字段(F 列)，现要求按总分在 G 列输入排名，可以使用(　　)函数。

A.RANK　　B.AVERAGE　　C.SUM　　D.VLOOKUP

(6) 公式中可以使用多个运算符，运算符的优先级别由高到低排列正确的是(　　)。

A.算术运算＞文本运算＞关系运算＞圆括号

B.算术运算＞圆括号＞文本运算＞关系运算

C.圆括号＞算术运算＞关系运算＞文本运算

D.圆括号＞算术运算＞文本运算＞关系运算

(7) 某工作表的单元格 A2 值为“北京”，单元格 B2 值为“欢迎你”，若要在单元格 F2 中显示“北京欢迎你”，可以使用公式(　　)。

A.＝A2&B2　　B.＝A2＋B2　　C.＝A2:B2　　D.＝A2B2

(8) 在工作表 Sheet2 中需引用工作表 Sheet1 中的单元格区域 A2:B2 的数据时，则函数中该区域应表示为(　　)。

A.Sheet1.A2:B2　　B.Sheet1:A2:B2

C.Sheet1！A2:B2　　D.Sheet1 $ A2:B2

(9) 在“成绩表”中，如果英语成绩大于 60 分，则在指定单元格中显示“通过”，否则显示“不通过”，可以使用函数(　　)。

A.SUM()　　B.RANK()　　C.IF()　　D.MAX()

(10) 高级筛选的关键是准确设置条件区域，其中行与行之间的条件表示(　　)。

A.或　　B.与　　C.非　　D.异或

(11) Excel 工作表 D 列保存了 18 位身份证号码信息，为了保护个人隐私，需将身份证信息的第 9 到 12 位用" * "表示，以 D2 单元格为例，最优的操作方法是(　　)。

A.＝MID(D2,1,8)＋" **** "＋MID(D2,13,6)

B.＝CONCATENATE(MID(D2,1,8)," **** ",MID(D2,13,6))

C.＝REPLACE(D2,9,4," **** ")

D.＝MID(D2,3,2," ** ",9,2," ** ")

(12) 当在函数或公式中没有可用数值时，将产生错误值(　　)。

A.＃VALUE!　　B.＃NUM!　　C.＃DIV/O!　　D.＃N/A

(13) 利用填充柄对单元格中的公式进行向下复制时，公式中的(　　)会发生变化。

A.相对引用的行号　　B.相对引用的列号

C.绝对引用的列号　　D.绝对引用的行号

(14) 在 Excel 2010 中，下面关于分类汇总的叙述正确的是(　　)。

A.分类汇总前必须按照关键字段进行排序

B.汇总方式只能是求和

C.分类汇总的关键字段可以是多个字段

D.分类汇总后不能被删除

(15) Excel 2010 的自动筛选功能将使(　　)。

A.满足条件的记录显示出来，而删除掉不满足条件的记录

B.不满足条件的记录暂时隐藏起来，只显示满足条件的数据

C.不满足条件的数据用另外一个工作表保存起来

D.满足条件的数据突出显示

4.2.5.2　填空题

(1) 在电子表格中，文本型数据除了可以按字母排序，还可以按____________排序。

(2) 将单元格 C1 中的公式“＝A1＋A2”复制到单元格 E5 后，单元格 E5 中的公式是__________。

(3) 公式"＝SUM(A3:A5,F4,F7)"中,参加求和运算的单元格分别是__________。

(4) 公式是以__________开头,对工作表中的数据执行运算的等式也称为表达式。

(5) 一个函数可以包括多个参数,各个参数之间用__________分隔。

(6) 假设 A2 单元格内容为字符 300,A3 单元格的内容为数值 5,则函数 COUNT(A2:A3)的值为__________。

(7) 在高级筛选操作中,设置筛选条件时,具有"__________"关系的多重条件放在同一行,具有"__________"关系的多重条件放在不同行。筛选条件中可以使用通配符"?"和"*",其中"?"代表__________,"*"代表__________。

(8) 通过分类来合并计算数据时,如果数据源区域顶行包含分类标记,则在"合并计算"对话框中选定"__________"复选框;如果数据源区域左列有分类标记,则选定"__________"复选框。

4.2.5.3 综合操作实践

(1) 任务一

在 Excel 工作表中输入如图 4.13 所示的数据,并按要求进行设置。

① 求出每个同学的总分,每门课的最高分、最低分、及格率(用百分比表示)。

② 用 IF 函数进行总评(总分大于 220 分的为优秀,在 200～220 分的为良好,其他为合格),将结果放入总评栏中。＝IF(F3＞220,"优秀",IF(F3＞200,"良好","合格"))。

③ 对每个同学以总分为关键字进行升序排列,若总分相同则再以语文为关键字进行排列。

④ 设置单元格格式,把总分保留一位小数。

⑤"自动筛选"中把班级为七一的学生数据复制到 Sheet2 中,同时将 Sheet2 改名为"七一班学生成绩统计表"。

	A	B	C	D	E	F	G	H
1	科目 姓名	班级	语文	数学	思想政治	总分	名次	总评
2	罗天明	七一	78	78	75			
3	王一鹏	七三	75	85	46			
4	李蓄谋	七一	97	97	57			
5	张聘茂	七三	67	89	78			
6	王斌	七二	56	87	65			
7	陈宋霞	七一	78	58	75			
8	陈梅芳	七三	46	75	85			
9	及格率	……				……	……	……
10	最高分	……				……	……	……
11	最低分	……				……	……	……
12								

图 4.13 学生成绩单

【解析步骤】

① 在单元格 F2 中键入公式"＝SUM(C2,D2,E2)",得出总分。选中 F2 单元格,将鼠标指针移动至右下角,当鼠标指针变成"＋"后,使用填充柄下拉实现公式填充。

在单元格 C10 中键入公式"＝MAX(C2:C8)",回车得出结果,求出语文分数的最大值。选中 C10 单元格,将鼠标指针移动至右下角,当鼠标指针变成"＋"后,使用填充柄右拉实现公式填充，得出全部科目最高分。

在单元格 C11 中键入公式“＝MIN(C2:C8)”，回车得出结果，求出语文分数的最小值。选中 C11 单元格，将鼠标指针移动至右下角，当鼠标指针变成“＋”后，使用填充柄右拉实现公式填充，得出全部科目最低分。

选中 C9 单元格，键入公式“＝COUNTIF(C2:C8,"＞＝60")/COUNT(C2:C8)”，这时 COUNTIF 公式(统计及格人数的函数)是对指定区域中符合指定条件的单元格计数的一个函数。在公式括号内选择要统计的区域，输入条件“＞＝60”(成绩大于或等于 60 分)，COUNTIF 函数统计及格的人数。再输入“/”(表格除号)，注意：条件参数为成绩大于或等于 60 分需要加引号，否则会提示公式错误，紧接着在除号后面输入函数公式 COUNT＝(区域)，计算参数列表中的数字项的个数，这里用来统计总人数，当最后一步 COUNT 函数输入完成，按回车键返回值是小数。

右键单击 C9 单元格，选择“设置单元格格式”，选择“数字”下方的“百分比”，保留两位小数，确定后得出结果。选中 C9 单元格，将鼠标指针移动至右下角，当鼠标指针变成“＋”后，右拉实现公式填充，得出全部及格率。

操作完成后如图 4.14 所示。

	A	B	C	D	E	F	G	H
1	科目 姓名	班级	语文	数学	思想政治	总分	名次	总评
2	罗天明	七一	78	78	75	231		
3	王一鹏	七三	75	85	46	206		
4	李蓄谋	七一	97	97	57	251		
5	张聘茂	七三	67	89	78	234		
6	王斌	七二	56	87	65	208		
7	陈宋霞	七一	78	58	75	211		
8	陈梅芳	七三	46	75	85	206		
9	及格率	……	71.43%	85.71%	71.43%	……	……	……
10	最高分	……	97	97	85	……	……	……
11	最低分	……	46	58	46	……	……	……
12								
13								

图 4.14 计算学生各项成绩

② 在单元格 H2 中键入公式“＝IF(F2＞220,"优秀",IF(F2＞200,"良好","合格"))”得出第一位同学的总评。再选中 H2 单元格，将鼠标指针移动至右下角，当鼠标指针变成“＋”后，下拉实现公式填充，得出全部总评。

③ 选中单元格区域 A2:H8，在开始选项卡的编辑功能区中，左键点击排序和筛选，在下拉菜单中左键点击自定义排序。在排序对话框中，启用数据包含标题，将主要关键字设置为“总分“，将次序设置为升序，点击左上角添加条件，添加一个次要关键字，将次要关键字设为“语文”，将次序设置为升序，左键单击“确定”按钮完成排序。

④ 选中单元格区域 F2:F8，单击右键选择“单元格格式设置”，在数字菜单里选择数值，设置小数位数为 1 位，点击“确定”按钮。

⑤ 选中单元格 B1,在开始选项卡的编辑功能区中左键点击排序和筛选,在下拉菜单中左键点击筛选,此时 B1 单元格会多出一个小箭头,左键单击后,点击确认选择“七一”,则可以筛选出高一的学生信息。选中筛选出来的区域,单击右键选择复制,将复制的内容粘贴到表 Sheet2 里,右键单击工作表标签 Sheet2,选择重命名,将工作表更名为“七一班学生成绩统计表”。

(2) 任务二

启动 Excel 2010,按照如图 4.15 所示的“销售清单”进行如下操作:

① 在工作表“Sheet1”中创建“销售清单”,将工作表 Sheetl 更名为“销售清单”。

② 计算“金额”列的数值(金额=单价×订购数量)。

③ 对工作表“销售清单”内数据清单的内容进行自动筛选,条件为“公司为一公司”。

④ 对工作表“销售清单”内的“金额”和“单价”列数据前添加“￥”符号。

⑤ 对工作表“销售清单”内数据清单的内容按主要关键字为“金额”的递增次序和次要关键字为“公司”的递增次序进行排序。

⑥ 利用 MAX 函数求出“金额”的最大值,将结果添加在 E11 单元格内。

⑦ 利用 MIN 函数求出“金额”的最小值,将结果添加在 E12 单元格内。

	A	B	C	D	E
1	公司	品名	单价	数量	金额
2	一公司	主板	920	23	
3	二公司	主板	920	22	
4	三公司	显示卡	260	20	
5	四公司	内存条	320	56	
6	三公司	显示器	1500	13	
7	四公司	显示卡	260	24	
8	二公司	内存条	320	59	
9	一公司	显示器	1500	16	

图 4.15 销售清单

【解析步骤】

① 选中 Sheet1 单击鼠标右键,在弹出菜单中选择“重命名”,将工作表 Sheetl 更名为“销售清单”。

② 在 E2 单元格输入公式“=C2×D2”计算一公司的金额,选中 E2 将鼠标移动至活动单元格右下角,使用填充柄向下拖动,通过相对引用完成以下数据的公式计算。

③ 选中首行,在“数据”功能页面里选择“筛选”,启动自动筛选。首行每一列会出现选择小三角,在公司列选择“一公司”进行筛选。

④ 按住“Ctrl”键后同时选中“单价”和“金额”两列,右击选择“设置单元格格式”,选择“数字”里面的“货币”,设置货币符号为“￥”,点击“确定”按钮,完成格式设置。

⑤ 选中 A1:E9 区域,点击“数据”里的“排序”,在排序依据里选择“金额”,次序为升序,点击“添加条件”,添加一个次要关键词,在次要关键词里选择“公司”,次序为升序,点击“确定”按钮完成排序。

⑥ 在单元格 E11 里输入公式“=MAX(E1:E9)”即可求出最大值。

⑦在单元格 E12 里输入公式“=MIN(E1:E9)”即可求出最小值。

(3) 任务三

学生成绩查询——VLOOKUP 函数的使用。

本实训需制作成绩查询表，在大量数据中查找某个项目的详细情况时，例如在学校的考试成绩数据库中，想查找某位学生的某次考试的情况，虽然数据库会提供查询工具，但是 Excel 也提供了相应的工具，可供用户体验 DIY 的感受。本实训知识点为设计函数 VLOOKUP 的使用，自定义筛选。

在工作表 Sheet1 的表格中按照图 4.16 填入项目和成绩。

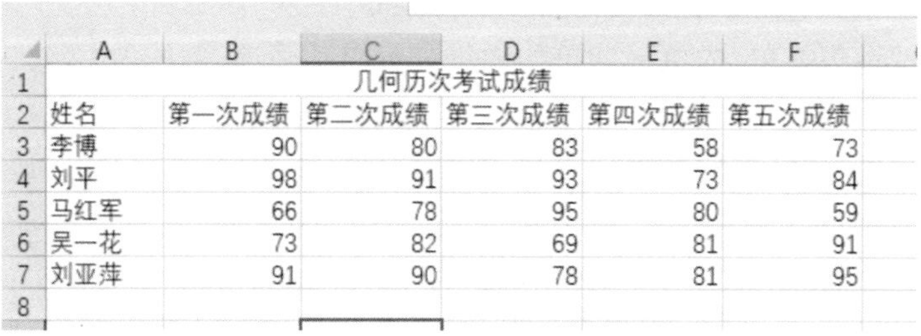

	A	B	C	D	E	F
1	几何历次考试成绩					
2	姓名	第一次成绩	第二次成绩	第三次成绩	第四次成绩	第五次成绩
3	李博	90	80	83	58	73
4	刘平	98	91	93	73	84
5	马红军	66	78	95	80	59
6	吴一花	73	82	69	81	91
7	刘亚萍	91	90	78	81	95
8						

图 4.16　几何历次考试成绩

① 使用自定义筛选将第五次成绩为 91 分的同学筛选出来。

② 使用函数，根据学生姓名查询学生这五次考试的成绩分别是多少。

【解析步骤】

① 自动筛选查询举例。如果想知道第五次考试成绩为 91 分的学生，可以在“第五次成绩”的下拉菜单中执行“数字筛选”→“自定义筛选”命令，打开如图 4.17 所示的“自定义自动筛选方式”对话框。

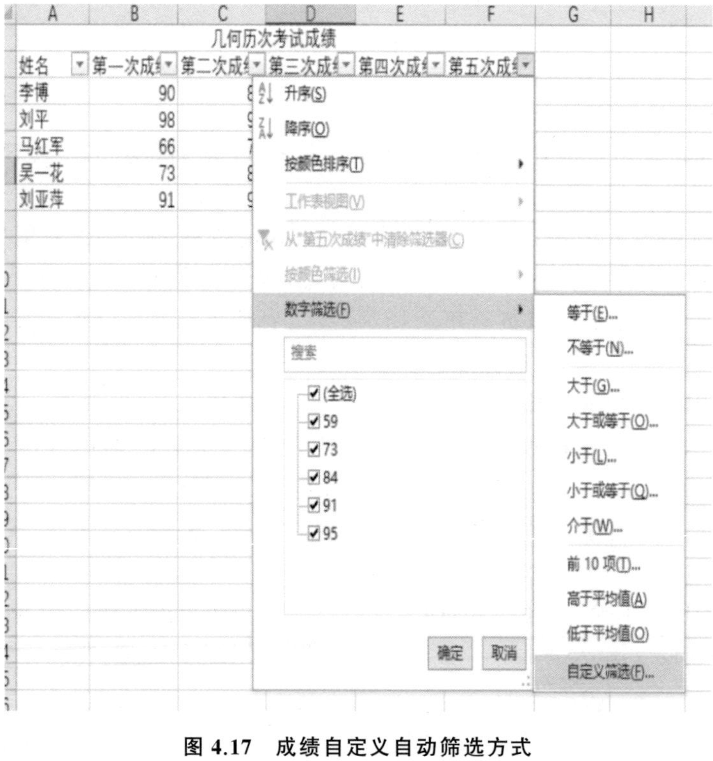

图 4.17　成绩自定义自动筛选方式

在最左边的下拉列表框中有 12 种运算符可供选择，本实训选择“等于”，在相应的数值编辑框中输入想要查询的成绩(91)，然后单击“确定”按钮，结果如图 4.18 所示，可得到第五次考试成绩为 91 分的学生的姓名和历次考试成绩。

图 4.18 自定义筛选条件

② 函数查询。如果只知道学生姓名，而不知道任何考试成绩，那么上述方法不再有效，必须用函数查询。

a. 选择单元格 C10，在“公式”选项卡中单击“插入函数”按钮，打开“插入函数”对话框。在“或选择类别”下拉列表中选择“查找与引用”，在“选择函数”列表框中选择 VLOOKOP，然后单击“确定”按钮，打开“函数参数”对话框。

b. 在 Lookup_value 单元格引用框中选择单元格“C9”，确定姓名的输入地址。只有在此输入学生姓名，函数才可识别。在 Table_amay 单元格引用框中选择单元格“A3:B7”，这是包含学生姓名和第一次成绩的数据区域，函数将在此区域内寻求匹配。在 Col_index_num 单元格引用框中输入“2”，因为第一次考试成绩位于第 2 列。在 Range_lookup 单元格引用框中输入“FALSE”，表示大致匹配。如果此单元格引用框为空或者为“TRUE”，则为精确匹配，单击“确定”按钮，则显示出第一次成绩。参数设置如图 4.19 所示。

③ 在单元格 C11～C14 区域内分别输入函数：

=VLOOKUP(C9,A3:C7,3,FALSE)

=VLOOKUP(C9,A3:D7,4,FALSE)

=VLOOKUP(C9,A3:E7,5,FALSE)

=VLOOKUP(C9,A3:F7,6,FALSE)

其参数含义同上所述。

按 Enter 键结束输入，其结果如图 4.20 所示。在单元格 C10～C14 区域内列出了这名学生 5 次考试的成绩。以此类推，只要知道学生姓名或者任意一次成绩，就可得知该学生的详细信息。

(4) 任务四

华星公司总部每个季度都要对各个销售处的商品销售数据进行汇总、计算、排序。目前，华星公司总部准备对所属的第一经销处、第二经销处、第三经销处 1～3 月份的商品销售情况

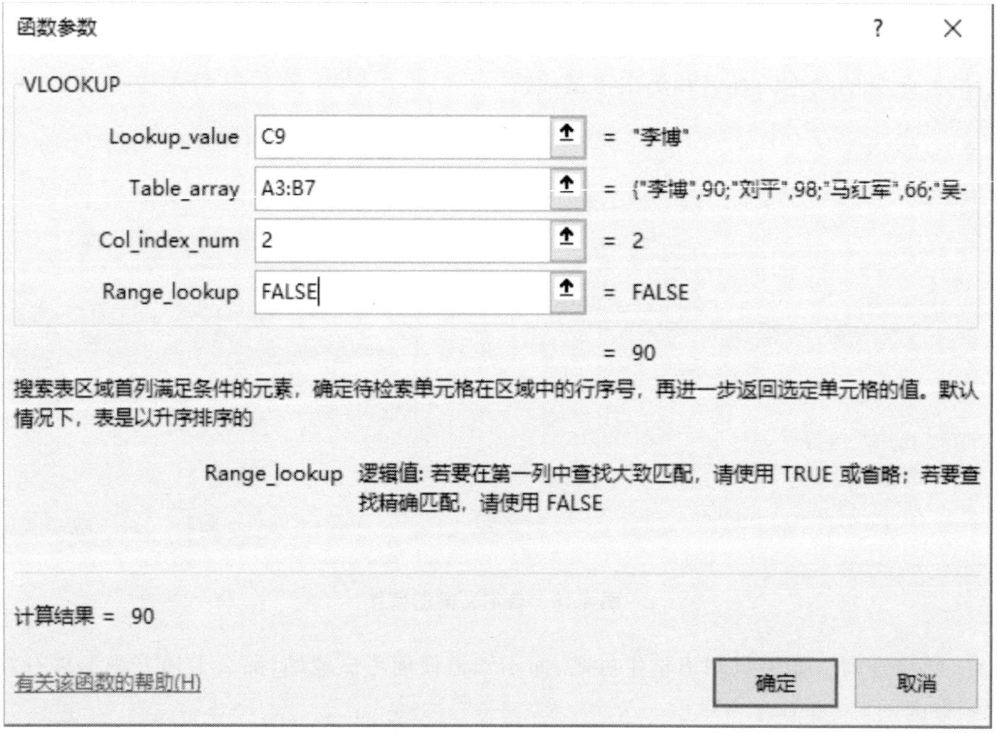

图 4.19　函数参数设置

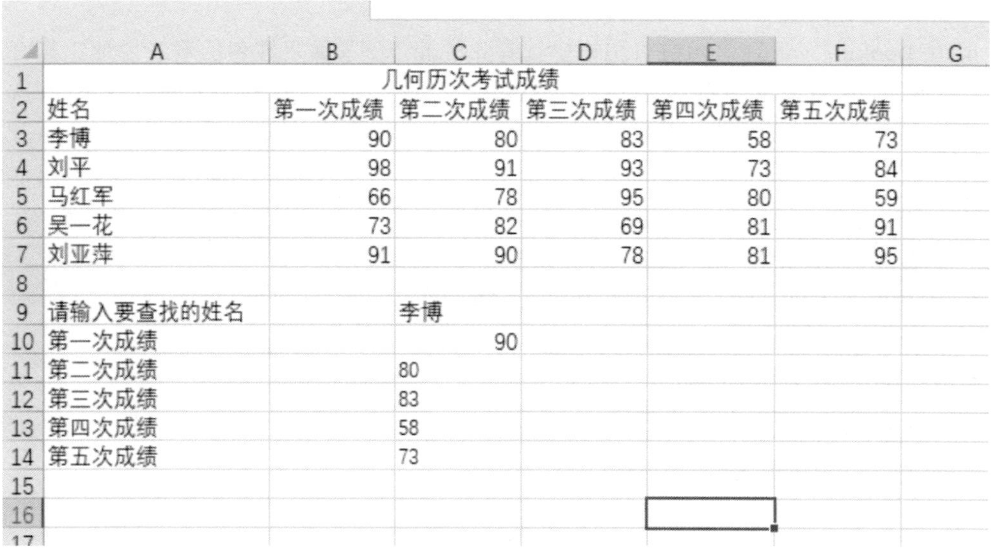

	A	B	C	D	E	F	G
1			几何历次考试成绩				
2	姓名	第一次成绩	第二次成绩	第三次成绩	第四次成绩	第五次成绩	
3	李博	90	80	83	58	73	
4	刘平	98	91	93	73	84	
5	马红军	66	78	95	80	59	
6	吴一花	73	82	69	81	91	
7	刘亚萍	91	90	78	81	95	
8							
9	请输入要查找的姓名		李博				
10	第一次成绩		90				
11	第二次成绩		80				
12	第三次成绩		83				
13	第四次成绩		58				
14	第五次成绩		73				
15							
16							
17							

图 4.20　函数结果

进行汇总。图 4.21 是华星公司商品销售情况表，要求对表格进行如下具体工作：

① 按月对商品的销售额进行降序排列、对每个经销处按商品销售额进行降序排列。

② 以列表显示指定月份、指定经销处、指定销售数量的商品销售情况。

③ 统计各经销处 1～3 月份的平均销售额，同时汇总各经销处的月销售额。

④ 对第一经销处、第二经销处、第三经销处的商品销售数量和销售金额进行合并计算。

华星公司商品销售情况表

销售部门	商品名称	月份	单位（元）	销售数量（台）	销售金额（元）
第一经销处	索尼EA35	1月份	4569	100	456900
第二经销处	联想Y450	1月份	7640	67	511880
第三经销处	华硕AS7	1月份	5799	93	539307
第一经销处	联想Y450	3月份	7640	85	649400
第二经销处	华硕AS7	3月份	5799	67	388533
第三经销处	索尼EA35	3月份	4569	82	374658
第一经销处	索尼EA35	4月份	4569	73	333537
第二经销处	联想Y450	4月份	7640	66	504240
第三经销处	华硕AS7	4月份	5799	45	260955

图 4.21　华星公司商品销售情况表

【操作步骤】

① 选中工作表中的任意单元格，在"数据"选项卡的"排序和筛选"组中单击"排序"按钮，打开"排序"对话框。在"主要关键字"下拉列表框中选择"月份"，在"次序"下拉列表框中选择"升序"，表示首先按月份升序排列。在"排序"对话框中单击"添加条件"按钮，添加次要关键字。与设置主要关键字的方法一样，在"次要关键字"下拉列表框中选择"销售金额(元)"，在"次序"下拉列表框中选择"降序"，表示在"月份"相同的情况下，按"销售金额"降序排列。

② 选择工作表中的任意数据单元格，在"数据"选项卡的"排序和筛选"组中单击"排序"按钮，打开"排序"对话框。将主要关键字设置为"销售部门"，在"次序"下拉列表框中选择"自定义序列"选项，打开"自定义序列"对话框，在"输入序列"列表框中依次输入"第一经销处""第二经销处""第三经销处"(图 4.22)，单击"添加"按钮，再单击"确定"按钮返回"排序"对话框，则"次序"下拉列表框中已设置为定义好的序列。单击"添加条件"按钮，将次要关键字设置为"销售金额(元)"，并设置次序为"降序"，单击"确定"按钮，完成对每个经销处按商品销售额进行降序排列。

以列表形式显示 1 月份销售数量在 50～85 台的商品销售情况。对"1 月份"的商品销售情况进行筛选；单击"销售数量"右侧的下拉按钮，在列筛选器中选择"数字筛选"命令，弹出子菜单，选择"自定义筛选"命令，打开"自定义自动筛选方式"对话框。在其中设置"销售数量"大于或等于 50 台且("与")"销售数量"小于或等于 85 台，单击"确定"按钮即可，如图 4.23 所示。

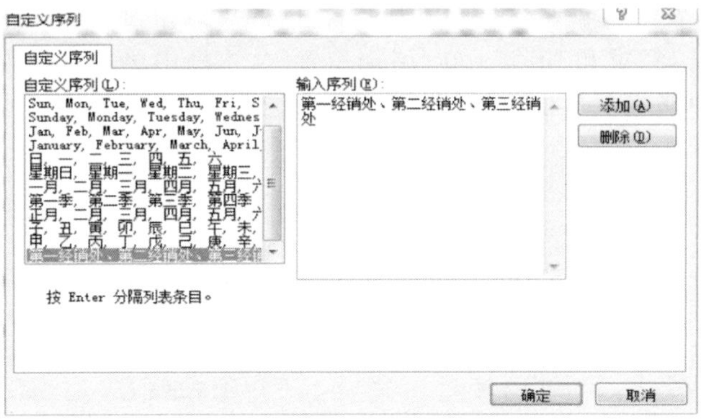

图 4.22　设置自定义序列

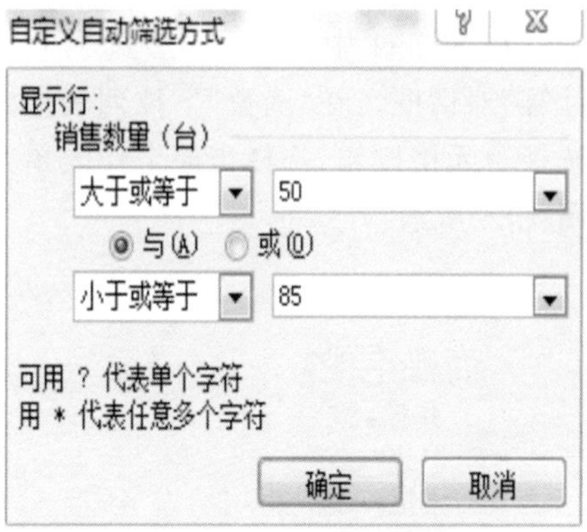

图 4.23　设置自定义自动筛选方式

③ 统计各经销处 1～3 月份的平均销售额，同时汇总各经销处的月销售额。打开“华星公司商品销售.xlsx”文件，选择“华星公司商品销售表”工作表，并建立其副本，将副本更名为“分类汇总”，并将“分类汇总”工作表设置为当前工作表。

将“销售部门”作为主要关键字、“月份”作为次要关键字进行排序。其中，“销售部门”通过自定义序列“第一经销处、第二经销处、第三经销处”进行排序。选择数据区域中的任意单元格，在“数据”选项卡的“分级显示”组中单击“分类汇总”按钮，打开“分类汇总”对话框。

设置“分类字段”为销售部门，“汇总方式”为“平均值”，“选定汇总项”为“销售金额”，同时选中“替换当前分类汇总”和“汇总结果显示在数据下方”复选框，单击“确定”按钮。按经销处对数据进行一级分类汇总。在此基础上再次执行分类汇总。在“分类汇总”对话框中设置“分类字段”为“月份”，“汇总方式”为“求和”，“选定汇总项”为“销售金额”，同时取消选中“替换当前分类汇总”复选框，单击“确定”按钮，实现二级分类汇总。此二级分类汇总首先计算各经销处 1～3 月份的销售额平均值，然后统计每个经销处每月的销售额(图 4.24)。

A20

	A	B	C	D	E	F
1	华星公司商品销售情况表					
2	销售部门	商品名称	月份	单位（元）	销售数量（台）	销售金额（元）
3	第二经销处	联想Y450	1月份	7640	67	511880
4	第二经销处	华硕AS7	3月份	5799	67	388533
5	第二经销处	联想Y450	4月份	7640	66	504240
6	二经销处 平均值					468217.6667
7	第三经销处	华硕AS7	1月份	5799	93	539307
8	第三经销处	索尼EA35	3月份	4569	82	374658
9	第三经销处	华硕AS7	4月份	5799	45	260955
10	三经销处 平均值					391640
11	第一经销处	索尼EA35	1月份	4569	100	456900
12	第一经销处	联想Y450	3月份	7640	85	649400
13	第一经销处	索尼EA35	4月份	4569	73	333537
14	一经销处 平均值					479945.6667
15						
16	总计平均值					446601.1111
17						
18						

图 4.24 分类汇总

④ 将第一经销处、第二经销处和第三经销处的数据分别保存在 Sheet2、Sheet3 和 Sheet4 中。在 Sheet1 中选中“数据”选项卡的“数据工具”组，单击其中的“合并计算”按钮，打开“合并计算”对话框。在“函数”下拉列表框中选择“求和”运算。在“引用位置”文本框中单击右侧的选择单元格按钮，选择当前工作表单元格数据区域作为要合并的数据源区域，合并计算结果如图 4.25 所示。

商品名称		销售数量（台）	销售金额（元）
华硕AS7		205	1188795
联想Y450		218	1665520
索尼EA35		255	1165095

图 4.25 合并计算

4.2.6　学习手札

4.3　分析数据

通过简单的函数和分类汇总，我们可以对数据进行一些基本的分析，但这些方法往往功能有限，分析的结果也不够直观和形象。那么，有没有一种方法，能够让我们更深入地挖掘数据背后的意义，更直观地展示分析结果呢？答案是肯定的，那就是利用图表和数据透视表进行数据分析。

图表和数据透视表是数据分析中的两大利器。它们能够可视化地展示数据，帮助我们进行对比分析、结构分析和综合分析，从而产生新形态的数据，让我们更容易从数据中发现有意义、有价值的信息。比如，通过数据透视表对家庭日常支出的数据进行综合分析，我们可以一目了然地了解每个家庭成员的开支情况，以及每个消费项目的开支情况，这对于我们合理规划家庭财务、控制开支具有重要意义。

因此，本节我们将一起探索数据分析的奥秘，学习如何利用图表和数据透视表进行高效的数据分析。希望通过本节的学习，大家能够掌握数据分析的基本方法和技巧，更好地挖掘和利用数据的价值，为我们的生活和工作带来更多的便利和收益。

4.3.1　目标导航

(1) 理解图表、数据透视表等数据分析工具的作用，会使用其分析数据；
(2) 掌握使用图表分析数据生成直观形象的数据图表方法；
(3) 掌握可视化分析工具生成直观形象的数据图表方法；
(4) 掌握电子表格的页面设置和打印设置。

4.3.2　知识图谱

具体如图 4.26 所示。

4.3.3　必备知识清单

具体见表 4.16 至表 4.20。

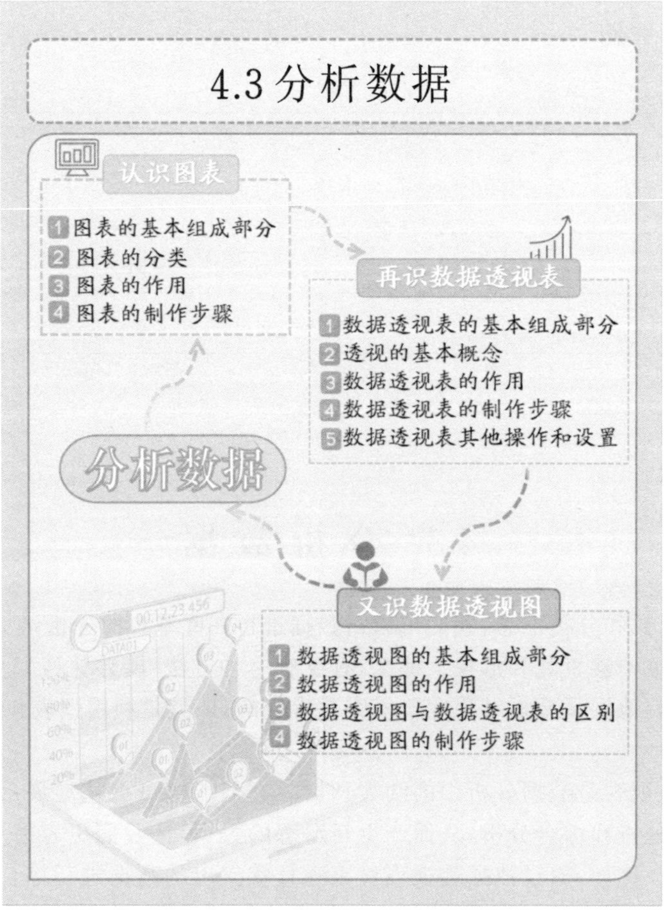

图 4.26　知识图谱——分析数据

表 4.16　认识图表

知识点	具体内容	
图表的基本组成部分	图表区	图表区就是整个图表的背景部分，包括所有的数据系列、轴、标题和图例
	绘图区	绘图区是图表的主要组成部分，主要由图形形状和网格线组成
	图表标题	对图表内容的文字说明
	坐标轴	x 轴：也叫横轴，表格的横轴通常是水平方向，显示不同的类别或者时间跨度，用于对比或者分类数据。 y 轴：纵轴通常是垂直方向，显示数值或者数量，用于表示具体的数据大小
	横坐标轴标题	对分类情况的文字说明
	纵坐标轴标题	对数值轴的文字说明
	图例	它是一个方框，显示每个数据系列的标识名称和符号
	数据系列	图表中相关的数据点，它们源自数据表的行和列。每个数据系列有唯一的颜色或图案，在图例中有表示。可以在图表中绘制一个或多个数据系列。饼图只有一个数据系列
	数据标签	标识数据系列中数据点的详细信息，它在图表上的显示是可选的

续表4.16

知识点	具体内容	
图表分类	柱形图	适用场合是二维数据集，用于显示一段时间内的数据变化或显示各项之间的比较情况，用柱长表示数值的大小。通常沿水平轴组织类别，沿垂直轴组织数值
	折线图	用直线将各数据点连接起来组成的图形，用来显示随时间变化的连续数据，因此可用于显示在相等时间间隔下数据的变化趋势
	饼图	显示一个数据系列中各项的大小与各项总和的比例
	条形图	一般显示各个相互无关的数据项目之间的比较情况，水平轴表示数据值的大小，垂直轴表示类别
	面积图	强调数量随时间变化的程度。与折线图相比，面积图强调变化量，用曲线下面的面积表示数据总和，可以显示部分与整体的关系
	散点图	又称 XY 轴，主要用于比较成对的数据。散点图具有双重特性，既可以比较几个数据系列中的数据，也可以将两组数值显示在 XY 坐标系中的同一个系列中
	计量图	显示项目的完成进度，直观展示项目的进度情况，类似于进度条
制图的基本步骤	1.选择数据源：确定图表的数据来源，可以是单元格中的数值或其他工作表中的数据。 2.选择图表类型：根据需要选择不同的图表类型，如柱状图、折线图、饼图等。 3.创建图表：在 Excel 中，选择“插入”→“推荐的图表”，在“推荐的图表”选项卡上选择一个图表进行预览，或者直接选择“所有图表”选项卡查看所有图表类型，选择后，点击“确定”生成图表。 4.添加图表元素(如标题、图例、趋势线等)，以增强图表的可读性和美观度	

表 4.17 认识数据透视表和数据透视图

知识点	具体内容
报表的筛选区域(页字段和页字段项)	是数据透视表顶端的一个或多个下拉列表，通过选择下拉列表中的选项，可以一次性对整个数据透视表进行筛选
行区域(行字段和行字段项)	位于数据透视表的左侧，其中包括具有行方向的字段。每个字段又包括多个字段项，每个字段项占一行。通过单击行标签右侧的下拉按钮，可以在弹出的下拉列表中选择这些项
列区域(列字段和列字段项)	由位于数据透视表各列顶端的标题组成，其中包括具有列方向的字段，每个字段又包括很多字段项，每个字段项占一列，单击列标签右侧的下拉按钮，可以在弹出的下拉列表中选择这些项
数据源	为数据透视表准备数据源时应该注意以下问题： (1)保证数据中的每列都包含标题，使数据透视表中的字段名称含义明确。 (2)数据中不要有空行、空列，防止 Excel 在自动获取数据区域时无法准确判断整个数据源的范围，Excel 会将有效区域选择到空行或空列为止。 (3)数据源中存在空的单元格时，尽量用同类型的无意义的值来填充

续表4.17

知识点	具体内容
数值区域	在数据透视表中，除去以上三大区域外的其他部分即为数值区域。数值区域中的数据是对数据透视表信息进行统计的主要数据来源，这个区域中的数据是可以运算的。在默认情况下，Excel 对数值区域中的数据进行求和运算。在数值区域的最右侧和最下方，默认显示对行列数据的总计，同时对行字段中的数据进行分类汇总，用户可以根据实际需要决定是否显示这些信息
组	利用“组合”功能，用户可以对字段中的项按照特定的逻辑需求进行归类分组，从而得到具有不同意义的汇总结果
分类汇总、汇总函数	分类汇总用于对数据透视表中的一行或一列单元格进行汇总计算。汇总函数是对数据透视表中的数据进行分类汇总时所使用的函数
透视	透视是指通过改变字段在数据透视表中的位置，从而快速改变数据透视表的布局，得到具有不同意义和汇总结果的报表，以便从不同的角度浏览和分析数据
制表的基本步骤	1.选择数据区域：打开 Excel 表格，选择包含标题行的数据区域。 2.插入数据透视表：在“插入”选项卡中选择“数据透视表”，弹出对话框后选择数据区域和放置位置。 3.拖曳字段：在“数据透视表字段”窗格中，将需要分析的字段拖曳到“行标签”、“列标签”和“值”区域。 4.使用筛选器和条件格式化：可以通过筛选器选择特定条件的数据，使用条件格式化使数据更直观
数据透视表的其他操作和设置	1.调整布局和格式：通过“数据透视表选项”对话框，可以调整数据透视表的布局和格式，例如合并单元格、居中显示等。 2.添加或删除字段：可以通过拖曳字段到不同的区域来重新排列或删除字段。 3.显示明细数据：通过鼠标右键点击数据透视表选项，可以选择是否显示明细数据
数据透视图	数据透视图是数据的另一种表现形式，与数据透视表不同的地方在于它可以选择适当的图形和多种颜色来描述数据的特性，能更形象地表现数据情况

表 4.18　数据表窗口的设置

知识点	具体内容
拆分窗口	为了方便对工作表中的数据进行比较和分析，可以拆分工作表窗口，最多可拆分为 4 个窗格
冻结窗口	随着工作表中数据的不断增加，列标题被逐渐向上移出窗口，给录入数据、查看和对比数据造成不便，所以可以将列标题固定在窗口中，方便工作

表 4.19　页面设置

知识点	具体操作
设置纸张方向	在“页面布局”选项卡的“页面设置”组中单击“纸张方向”下拉按钮，可以设置纸张方向

续表4.19

知识点	具体操作
设置纸张大小	在“页面布局”选项卡的“页面设置”组中单击“纸张大小”下拉按钮，可以设置纸张的大小
调整页边距	在“页眉布局”选项卡的“页面设置”组中单击“页边距”下拉按钮，在其下拉列表中有“普通”“窄”“适中”“宽”4个内置页边距选项，也可选择“自定义边距”命令，打开“页面设置”对话框，在“页边距”选项卡中自定义页边距

表4.20 打印设置

知识点	具体操作
设置打印范围	如果是打印单张工作表需要先打开要打印的工作表。点击“文件”选项卡中的“打印”按钮，然后在弹出的“打印”对话框中选择要打印的工作表。 如果需要打印多个工作表，可以使用Ctrl键依次选中它们。 如果要打印所有工作表，可以在“打印内容”的位置选择“整个工作簿”。 如果只想打印工作表的部分内容，可以在打印设置对话框中选择“设置打印区域”。点击“页面布局”选项卡中的“打印区域”，然后用鼠标拖动选择要打印的单元格区域。注意不要误选不需要打印的内容
设置相同标题	在打印多页数据时，可通过设置在打印时让每一页都有相同的标题行。依次点击“页面布局”→“打印标题”→“顶端标题行”
打印预览	在文件打印之前，要先预览一下打印效果，在这个界面中，也可以适当调整列宽和页边距。“Ctrl＋P”命令可进行打印预览，点击右下的“显示边距”，即可拖动修改
设置缩放比例	在某些情况下，为了适应不同的纸张尺寸或者更好地控制输出效果，可能需要调整缩放比例，其操作步骤：点击“页面布局”选项卡中的“缩放比例”，然后选择合适的缩放级别（如100％、50％等）

4.3.4 典型例题

【例1】不同的图表类型展示数据的直观性也各有不同，（　　）用于显示随时间而变化的连续数据。

A.柱形图　　B.折线图　　C.条形图　　D.饼图

【答案】B

【解析】本题主要考查学生对图表类型及其适用场景的知识点的掌握情况。

折线图用于显示随时间而变化的连续数据，能够清晰地展示数据的趋势和变化。

柱形图用于显示一段时间内数据的变化或不同项之间的比较情况，能够直观地展示各项数据的差异。

条形图用于一般显示各个相互无关数据项目之间的比较情况。

饼图用于显示一个数据系列中各项的大小与各项总和的比例。

【例2】关于数据透视表，以下说法错误的是（　　）。

A.是汇总、浏览、呈现数据的高效工具

B.可以根据需求快速调整结果的显示方式

C.一次只能对一个字段进行分类汇总

D.可以根据数据透视表创建数据透视图

【答案】C

【解析】本题主要考查的是数据透视表的基本功能和特性，包括其汇总能力、灵活性以及与数据透视图的关系。数据透视表确实是用于汇总和分析数据的一种高效工具，可以帮助用户快速查看和理解数据。数据透视表支持多字段分类汇总，用户可添加多个行或列字段，也可调整字段位置和汇总方式，实现多维度数据分析。

数据透视图是基于数据透视表生成的图表，可以更直观地展示数据分析结果。

【例 3】在 Excel 表格中创建图表后想添加图表元素，应选择(　　)选项卡。

A.开始　　B.插入　　C.设计　　D.数据

【答案】C

【解析】“开始”选项卡主要用于格式化和编辑文本、单元格等，与添加图表元素无关。

“插入”选项卡用于插入各种对象，如图表、图片和形状，但并不专门用于修改图表的元素。

“数据”选项卡用于处理数据的管理和分析，与图表元素的添加无关。

在 Excel 中，当图表被选中时，会出现“图表工具”选项卡。其中还包括“设计”“布局”“格式”选项卡，在“设计”选项卡中找到“添加图表元素”选项，即可添加图表元素。

【例 4】数据透视图是以图形的形式表示(　　)中的数据。

A.饼图　　B.数据透视表　　C.柱形图　　D.迷你图

【答案】B

【解析】此题考查的是数据透视表和数据透视图的基本概念，以及它们在数据分析和可视化中的应用。数据透视图是一种可视化工具，用于以图形方式展示在数据透视表中汇总和分析的数据。数据透视表可以通过行、列和数据值的组合来组织和汇总大量数据，而数据透视图则将这些汇总的数据以图形的形式呈现，方便用户理解和分析数据趋势。

【例 5】使用数据透视表时，数值区域默认的汇总方式是(　　)。

A.求和　　B.平均值　　C.计数　　D.乘积

【答案】A

【解析】本题主要考查的是数据透视表的基础知识。使用数据透视表时，数值区域默认的汇总方式是求和。这意味着在创建数据透视表时，当将数值字段拖入“值”区域时，系统会自动对这些数值进行求和汇总。

【例 6】在 WPS 表格工作表中根据数据源创建了数据透视表，当数据透视表对应的数据源发生变化时，需快速更新数据透视表中的数据，以下最优的操作方法是(　　)。

A.单击“选项”选项卡下“操作”功能组中的“选择/整个数据透视表”项

B.单击“选项”选项卡下“数据”功能组中的“刷新”按钮

C.选中整个数据区域，重新创建数据透视表

D.单击“选项”选项卡下“排序和筛选”功能组中的“插入切片器”按钮

【答案】B

【解析】本题主要考查 WPS 表格中数据透视表的更新操作，重点是了解如何快速更新数据透视表以确保数据的准确性和实时性。A 选项错误，这个操作只是用来选择整个数据透视

表，并不会更新数据。B选项正确，当数据源发生变化时，使用“刷新”按钮可以快速更新数据透视表中的数据，以反映最新的数据源。C选项错误，虽然可以通过重新创建数据透视表来反映数据变化，但这不是快速更新的最佳方法。此方法比较烦琐，不必要。D选项错误，插入切片器是用于筛选数据透视表的工具，并不能直接更新数据。

4.3.5 综合提升训练

4.3.5.1 选择题

(1) 图表类型中的(　　)用于显示一段时间内数据的变化或显示项之间的比较情况。

A.柱形图　　B.折线图　　C.雷达图　　D.饼图

(2) 在 Excel 中，使用图表前，应(　　)需要的数据区域。

A.选中　　B.复制　　C.删除　　D.移动

(3) 插入图表应在(　　)选项卡下操作。

A.开始　　B.插入　　C.数据　　D.视图

(4) 关于 Excel 中创建图表，以下说法错误的是(　　)。

A.在 Excel 中可以手工绘制图表

B.嵌入式图表是将图表与数据同时置于一个工作表内

C.工作簿中只包含图表的工作表称为图表工作表

D.图表生成之后，可以对图表类型、图表元素等进行编辑

(5) 在 Excel 2010 中，下列说法正确的是(　　)。

A.图表大小不能缩放　　B.图表中图例的位置只能位于图的底部

C.图例不可以更改　　D.图表的位置可以移动

(6) 不可以在 Excel 工作表中插入的迷你图类型是(　　)。

A.迷你折线图　　B.迷你柱形图　　C.迷你散点图　　D.迷你盈亏图

(7) 合并计算的数据汇总方式不包括(　　)。

A.求和　　B.计数　　C.平均值　　D.求积

(8) 在 Excel 中，想要添加一个数据系列到已有图表中，不可实现的操作方法是(　　)。

A.在嵌入图表的工作表中选定想要添加的数据，执行“插入→图表”菜单命令，将数据添加到已有的图表中

B.在嵌入图表的工作表中选定想要添加的数据，然后将其直接拖放到嵌入的图表中

C.选中图表，执行“图表→添加数据”菜单命令，在其对话框的“选定区域”栏指定该数据系列的地址，单击“确定”按钮

D.执行图表快捷菜单的“数据源→系列→添加”命令，在其对话框中的“数值”栏指定该数据系列的地址，单击“确定”按钮

(9) 在 Excel 中，想要删除已有图表的一个数据系列，不能实现的操作方法是(　　)。

A.在图表中单击选定这个数据系列，按“Delete”键

B.在工作表中选定这个数据系列，执行“编辑→清除”菜单命令

C.在图表中单击选定这个数据系列，执行“编辑→清除→系列”命令

D.在工作表中选定这个数据系列，执行“编辑→清除→内容”命令

(10) 小李正在 Excel 中编辑一个包含上千人的工资表，他希望在编辑过程中总能看到表

明每列数据性质的标题行，最优的操作方法是(　　)。

A.通过 Excel 的冻结窗格功能将标题行固定

B.通过 Excel 的打印标题功能设置标题行重复出现

C.通过 Excel 的新建窗口功能，创建一个新窗口，并将两个窗口水平并排显示，其中上方窗口显示标题行

D.通过 Excel 的拆分窗口功能，使得上方窗口显示标题行，同时在下方窗口中编辑内容

(11) 在 Excel 中，工作表窗口冻结不包括(　　)。

A.水平冻结　　B.垂直冻结

C.水平、垂直同时冻结　　D.全部冻结

(12) 在打印工作表前就能看到实际打印效果的操作是(　　)。

A.仔细查看工作表　　B.打印预览

C.按 F1 键　　D.分页预览

(13) 在 Excel 的打印设置中，如果你想打印工作表的网格线，应该在哪个选项中勾选？(　　)。

A.页面设置中的“打印”区域，选择“网格线”

B.页面布局中的“对齐方式”

C.文件菜单中的“打印”选项，选择“打印网格线”

D.页面设置中的“工作表”选项卡，勾选“打印网格线”

4.3.5.2　填空题

(1) 图表是动态的，当与图表相关的工作表中的数据发生变化时，图表会________。

(2) 在 Excel 中通过“数据透视表字段”窗格中“值”下拉菜单中的________，可以更改数据透视表的汇总方式。

(3) 通常在同一图表中，各个序列的图表类型是统一的，利用________可以实现为每一序列指定独立图表类型。

(4) 在某一图表中，“完成率”为折线图，“销售指标”为柱形图，这是________图表类型。

(5) 在 WPS 表格和 Excel 中，数据透视表是一种对大量数据进行________和建立交叉比较的交互式表格。

(6) 在迷你图中，突出显示高点和低点应在________选项卡中操作。

(7) ________图可以展示各类数据以及其某个分类的详细占比情况。

4.3.5.3　判断题

(　　)(1) 当工作表中的数据发生改变时，相关的图表也会自动更新。

(　　)(2) 图表可直观形象地表示出数值大小和变化趋势，普通文字和表格数据也可以做到。

(　　)(3) 当光标定位在数据区域的任一单元格时，系统会自动识别数据区域。

(　　)(4) 利用数据透视表可以方便地实现汇总分析功能，但是不能同时创建数据透视图。

(　　)(5) 数据透视图和图表功能是一样的。

(　　)(6) 数据透视表可以实现对多个字段同时进行不同方式的分类汇总。

(　　)(7) 当数据透视表的数据更新时，数据透视表会自动随之更新。

(　　)(8) 数据透视图不可以单独创建,只能和数据透视表同时创建。

(　　)(9) 图表是数据的一种表现形式,可以更好、更直观地显示出表格中各个数据的关系。

(　　)(10) 图表创建完成后,不能进行数据量的修改。

(　　)(11) 图表创建完成后,不能进行图表元素的添加。

(　　)(12) 图表中的数据可以进行行列互换。

(　　)(13) 图表插入单元格区域,为确保位置准确定位到单元格边框处,应同时按住 Alt 键。

(　　)(14) 迷你图不是对象,而是一种放置到单元格背景中的微缩图表。

(　　)(15) 合并计算就是对相应的数据进行求和。

4.3.5.4 综合实践

(1) 任务一

在学生文件夹下新建工作簿文件"ex.xlsx"(或"ex.et"),并进行如下操作:

(提示:工作表重命名,求和函数,绘制三维饼图,创建图例、图表标题,设置图表位置)

① 根据如图 4.27 所示数据,建立"抗洪救灾捐款统计表"(数据清单存放在 A1:D5 单元格区域内)工作簿,将当前工作表 Sheet1 改名为"救灾统计表"。

单位	捐款(万元)	实物(件)	折合人民币(万元)
第一部门	1.95	89	2.45
第二部门	1.2	87	1.67
第三部门	0.95	52	1.3
总计			

图 4.27 抗洪救灾捐款统计表

② 在"救灾统计表"中计算各项捐献的总计,分别填入"总计"行的各相应列中(结果的数字格式为默认样式)

③ 选择"单位"和"折合人民币(万元)"两列数据(不包含"总计"行),绘制部门捐款的三维饼图,要求有图例并显示各部门捐款总数所占的百分比,图表标题为"各部门捐款总数百分比图",标题文字字体设为楷体,字号为 12,字体颜色为蓝色,图表的背景色设为淡蓝色,图表放置在数据表格下方 A8:E18 单元格区域内。

【解析步骤】

本题考查学生在 Excel 中进行数据输入、工作表重命名、使用求和函数计算总计、制作并格式化三维饼图以及调整图表位置和样式的能力。以下是完成这些任务的步骤:

① 打开或创建新的 Excel 工作簿,如果没有已有的工作簿,请点击左上角的"文件"→"新建"创建一个新的工作簿。

② 输入数据并命名工作表。在工作簿的第一个工作表中输入如图 4.28 所示的数据,右键单击工作表标签 Sheet1,然后选择"重命名"。将工作表名称改为"救灾统计表"。

③ 计算总计。在"捐款(万元)"列的最后一行"总计"中输入求和函数"=SUM(B2:B4)"。然后将鼠标移动至 B5 单元格的右下角,点击鼠标左键向右拖曳填充柄,完成"实物(件)"和"折合人民币(万元)"列的计算。

④ 制作饼图

a. 选中“单位”和“折合人民币(万元)”两列数据(不包括“总计”行)。

b. 转到“插入”选项卡,点击“饼图”下拉菜单,选择“三维饼图”。

c. 右键单击饼图,选择“更改图表类型”,在“图表类型”对话框中选择“饼图”,并在“选项”中勾选“显示比例”。在“图表元素”中勾选“图例”。

d. 双击饼图上的任意一部分进入编辑模式,将“数据标签”设置为“内部”或者“外部”。

e. 双击图表标题,将其命名为“各部门捐款总数百分比图”,并在“开始”栏中将字体设为楷体,字号设为 12,文本颜色设为蓝色。

f. 点击图表空白区域,再依次点击“图标工具”→“设置格式”→“填充”→“纯色填充”,将颜色设置为淡蓝色。

g. 移动饼图到指定位置(A8:E18 单元格区域),如图 4.28 所示。

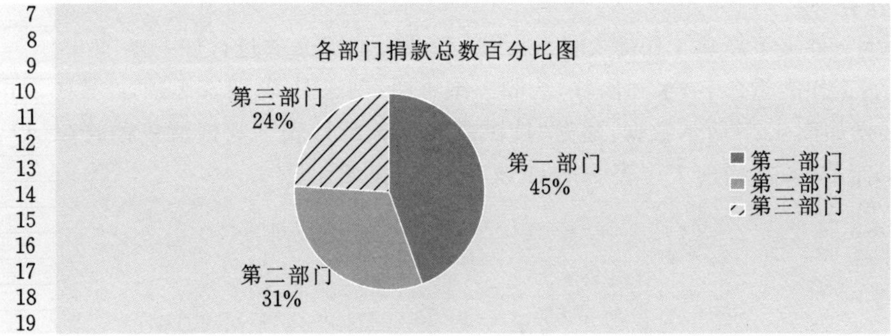

图 4.28　各部门捐款总数百分比图

(2) 任务二

启动 Excel 2010,建立如表 4.21 所示的工作表,操作要求如下:

(提示:使用自定义公式计算、排序,设置条件格式,筛选,创建嵌入式柱状图、设置轴标题、设置单位、显示数据标志、设置标题及样式。)

表 4.21　学生成绩表

学号	姓名	平时成绩	实训成绩	期末成绩	总评成绩
200901	赵蒙	89	85	90	
200902	杨柳	69	75	82	
200903	刘畅	61	69	40	

① 计算“成绩单”中 3 位同学的总评成绩。

总评成绩=(平时成绩)×15%+(实训成绩)×15%+(期末成绩)×70%。

② 以“总评成绩”为关键字进行升序排列。

③ “成绩单”的字体用蓝色,表格背景图案用 15%灰色。

④ 成绩单中的“总评成绩”小于 60 分的用红色表示出来。

⑤ 筛选出总评成绩大于或等于 80 分的学生。

⑥ 创建嵌入式柱状图表。X 轴为姓名,Y 轴上显示“期末成绩”和“总评成绩”且 Y 轴的单

位为10,在图表中显示数据标志。图表标题为“成绩单图表”,标题文本的字体、颜色、大小分别为楷体、蓝色、14。

【步骤解析】

本题考查学生在Excel中进行数据输入、使用自定义公式计算总评成绩、进行数据排序、设置条件格式、进行数据筛选、创建和格式化嵌入式柱状图的能力。以下是完成这些任务的步骤:

① 计算总评成绩。选中F2单元格,输入公式“$=E2\times0.7+D2\times0.15+C2\times0.15$”,然后按下Enter键。复制公式到F3和F4单元格。

② 按总评成绩升序排序,选中A1:E4区域。转到“数据”选项卡,点击“排序”。在“排序”对话框中,选择“总评成绩”作为关键字,选择“升序”,然后点击“确定”。

③ 改变字体颜色和表格背景色。选中整个表格A1:F4。在“开始”选项卡中,选择字体颜色为蓝色。点击鼠标右键打开“设置单元格格式”对话框,选择“填充”选项卡,在“图案样式”栏中选择15%灰色填充,如图4.29所示。

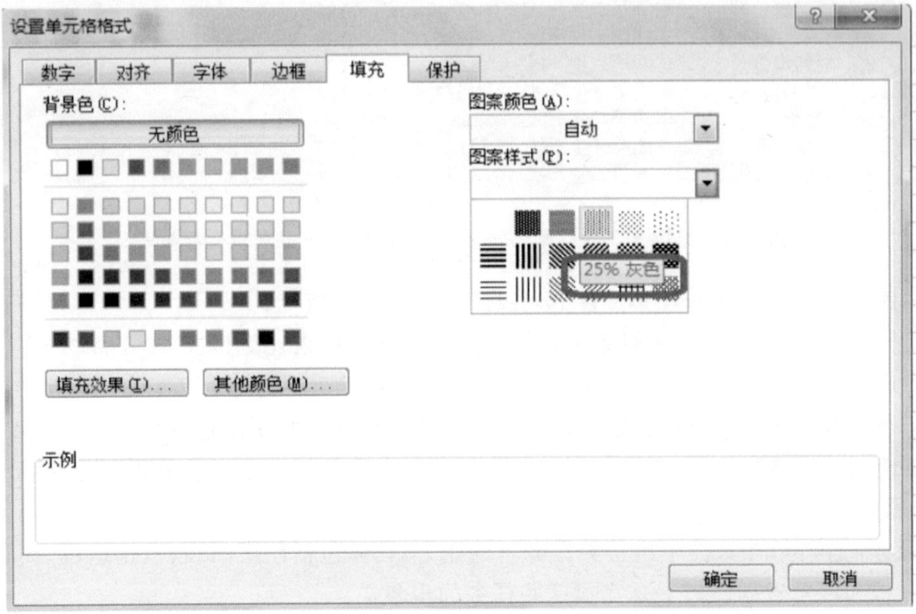

图4.29　设置单元格格式“填充”选项卡

④ 标记不及格的成绩。选中F2:F4单元格。在“开始”选项卡中,选择“条件格式”→“突出显示单元格规则”→“小于…”。在弹出的对话框中输入“60”,然后选择红色文本。

⑤ 筛选总评成绩大于或等于80分的学生。选中A1:F4区域,转到“数据”选项卡,点击“筛选”。在“总评成绩”列的筛选器中,选择“大于或等于”→“80”。

⑥ 创建嵌入式柱状图表。选中B2:F4区域,转到“插入”选项卡,点击“柱状图”→“二维柱状图”→“簇状柱状图”。在弹出的对话框中选择“嵌入式图表”。点击导航栏的“图表工具”→选择“垂直轴”→点击“坐标轴”→在“主要单位”栏里输入“10”。在图表中双击数据系列,选择“数据标签”→“全部显示”。双击图表标题,输入“成绩单图表”,在“开始”栏中,将字体设为楷体,颜色设为蓝色,字号设为14。

（3）任务三

利用 Excel 2010 的图表、数据透视表及数据透视图对图 4.30 所示的某电子工业有限公司 2023 年第 19 周产品质量分析报表进行数据分析。

某电子工业有限公司2023年第19周产品质量分析报表							
生产日期	产品名称	生产单位	生产数量	合格产品数量	不合格数量	不合格率	等级
2023/5/9	直滑式电位器	一车间第一生产线	124	118	6	4.80%	C
2023/5/9	旋转电位器	一车间第二生产线	112	109	3	2.70%	B
2023/5/9	直滑式电位器	二车间第一生产线	121	117	4	3.30%	B
2023/5/9	可调电阻	二车间第二生产线	123	121	2	1.60%	A
2023/5/10	编码器	一车间第一生产线	98	95	3	3.10%	B
2023/5/10	轻触开关	一车间第二生产线	115	110	5	4.30%	C
2023/5/10	直滑式电位器	二车间第一生产线	104	100	4	3.80%	B
2023/5/10	可调电阻	二车间第二生产线	122	116	6	4.90%	C
2023/5/11	可调电阻	一车间第一生产线	118	115	3	2.50%	B
2023/5/11	轻触开关	一车间第二生产线	102	97	5	4.90%	C
2023/5/11	编码器	二车间第一生产线	116	114	2	1.70%	A
2023/5/11	旋转电位器	二车间第二生产线	112	108	4	3.60%	B
2023/5/12	直滑式电位器	一车间第一生产线	117	113	4	3.40%	B
2023/5/12	旋转电位器	一车间第二生产线	125	122	3	2.40%	B
2023/5/12	直滑式电位器	二车间第一生产线	108	103	5	4.60%	C
2023/5/12	旋转电位器	二车间第二生产线	109	107	2	1.80%	A
2023/5/13	可调电阻	一车间第一生产线	127	124	3	2.40%	B
2023/5/13	轻触开关	一车间第二生产线	99	97	2	2.00%	B
2023/5/13	编码器	二车间第一生产线	118	116	2	1.70%	A
2023/5/13	旋转电位器	二车间第二生产线	114	112	2	1.80%	A

图 4.30　某电子工业有限公司 2023 年第 19 周产品质量分析报表

（1）使用柱形图对比 5 月 9 日各生产线产品不合格率情况。

（2）使用饼图对比 5 月 13 日各生产线产品不合格率所占比例情况。

（3）使用数据透视表按生产日期汇总各生产线的合格产品总数。

（4）使用数据透视图（折线图）体现一车间产品不合格率的变化趋势。

（5）使用数据透视图（堆积圆柱图）对比 19 周各类产品的合格产品总数。

【步骤解析】

本题考查学生在 Excel 中进行数据分析的能力，具体包括使用图表、数据透视表和数据透视图来分析和展示数据。以下是完成这些任务的步骤：

① 制作柱形图对比 5 月 9 日各生产线产品不合格率情况

a. 选择生成图表的数据区域。因为要对比 5 月 9 日各生产线产品不合格率情况，所以先选择单元格区域 C2:C6，再按 Ctrl 键选择单元格区域 G2:G6。

b. 插入柱形图。在“插入”选项卡的“图表”组中单击“柱形图”下拉按钮，在其下拉列表中选择“二维柱形图”栏中的“簇状柱形图”选项，则在当前工作表中生成一个簇状柱形图。

c. 插入并修改标题。切换到“图表工具”上下文选项卡的“布局”选项卡，在“标签”组中单击“坐标轴标题”下拉按钮，在弹出的下拉列表中选择“主要横坐标轴标题”→“坐标轴下方标题”选项插入横坐标轴标题。再次单击“标签”组中的“坐标轴标题”下拉按钮，在弹出的下拉列表中选择“主要纵坐标轴标题”→“竖排标题”选项插入纵坐标轴标题。

修改图表标题为“5 月 9 日各生产线不合格率情况”，横坐标轴标题为“生产单位”，纵坐标轴标题为“不合格率”。拖动图表边框，将其放大到适当大小，最终效果如图 4.31 所示。

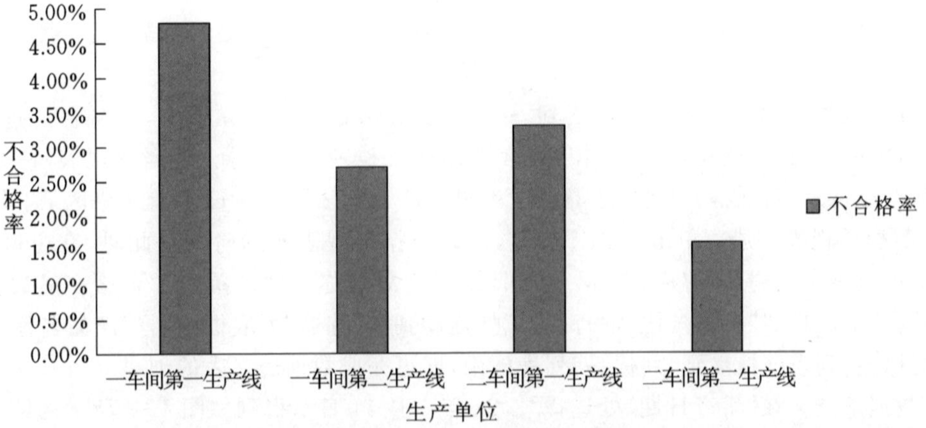

图 4.31　5 月 9 日各生产线不合格率情况

② 制作饼图对比 5 月 13 日各生产线产品不合格率所占的比例

a. 选择生成图表的数据区域，因为要对比 5 月 13 日各生产线产品不合格率所占的比例，所以先选择单元格区域 C19:C22，再按 Ctrl 键选择单元格区域 G19:G22。

b. 插入饼图。在“插入”选项卡的“图表”组中单击“饼图”下拉按钮，在弹出的下拉列表中选择“三维饼图”栏中的“三维饼图”选项，则在当前工作表中生成一个三维饼图。

c. 插入并修改标题。选择“图表工具”上下文选项卡的“布局”选项卡，单击“标签”组中“图表标题”下拉按钮，在弹出的下拉列表中选择“图表上方”命令插入图表标题。然后修改图表标题为“5 月 13 日各生产线产品不合格率所占比例”。

d. 显示百分比数据标签。在“布局”选项卡的“标签”组中单击“数据标签”下拉按钮，在弹出的下拉列表中选择“其他数据标签选项”命令，打开“设置数据标签格式”对话框，切换到“标签选项”选项卡，选中“百分比”复选框。单击“关闭”按钮完成饼图制作。拖动图表边框，将其放大到适当大小即可，如图 4.32 所示。

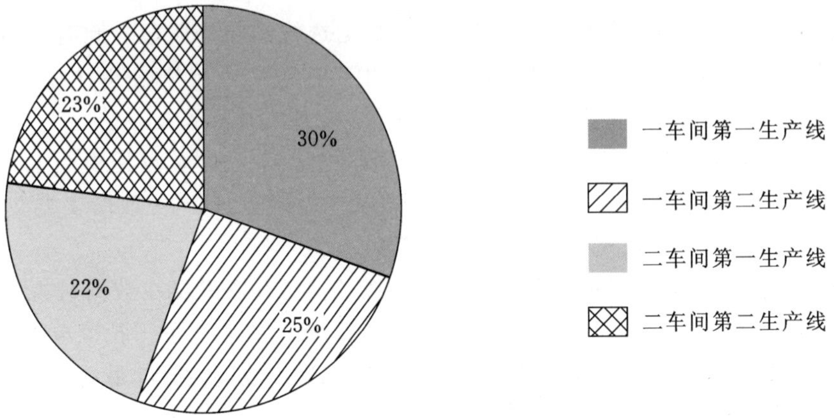

图 4.32　5 月 13 日各生产线产品不合格率所占比例

③ 制作数据透视表

制作数据透视表查看按生产日期汇总各生产线生产的各类产品的合格产品总数。其操作方法如下：

a. 插入数据透视表。将光标定位到 Sheet2 工作表的 A1 单元格中，在“插入”选项卡的“表格”组中单击“数据透视表”下拉按钮，在弹出的下拉列表中选择“数据透视表”命令，打开“创建数据透视表”对话框，设置“表/区域”为 Sheet1 工作表的 A2:H22 单元格区域。

b. 数据透视表布局。单击“确定”按钮，进入数据透视表布局阶段。此时，在窗口右侧打开“数据透视表字段列表”窗格，选择“生产日期”“产品名称”“生产单位”“合格产品数量”4 个字段，并将“生产日期”字段按钮从“行标签”处拖动到“筛选器”列表框中，将“产品名称”字段按钮从“行标签”列表框拖动到“列标签”列表框中，即可完成数据透视表的创建。

c. 数据筛选。在“生产日期”处选择“2023 年 5 月 11 日”，得到如图 4.33 所示的结果。

	A	B	C	D	E	F
1	生产日期	2023/5/11				
2						
3	求和项:合格产品数量	产品名称				
4	生产单位	编码器	可调电阻	轻触开关	旋转电位器	总计
5	二车间第二生产线				108	108
6	二车间第一生产线	114				114
7	一车间第二生产线			97		97
8	一车间第一生产线		115			115
9	总计	114	115	97	108	434

图 4.33　数据筛选

④ 使用数据透视图(折线图)体现一车间产品不合格率的变化趋势

a. 插入数据透视图。将光标定位到 Sheet3 工作表的 A3 单元格中，在“插入”选项卡的“表”组中单击“数据透视表”下拉按钮，在弹出的下拉列表中选择“数据透视图”命令，打开“创建数据透视表及数据透视图”对话框，设置“表/区域”为 Sheet3 工作表的 A2:H22 单元格区域。

b. 数据透视图布局。单击“确定”按钮，进入数据透视图布局阶段。此时，在窗口右侧打开“数据透视表字段列表”窗格，选择“生产日期”“生产单位”“不合格率”3 个字段，并将“生产单位”字段从“轴字段(分类)”列表框拖到“图例字段(系列)”列表框中。

c. 修改图表类型。此时，系统自动插入的是簇状柱形图。在“数据透视图工具”上下文选项卡的“设计”选项卡的“类型”组中单击“更改图表类型”按钮，打开“更改图表类型”对话框，选择“折线图”选项卡中的“带数据标记的折线图”类型。

d. 数据筛选。为了体现车间产品不合格率的变化趋势，还需要在数据透视表中的“列标签”位置进行数据筛选，即单击“列标签”右侧的下三角按钮，在弹出的下拉菜单中取消选中“全选”复选框，并选中“一车间第一生产线”和“一车间第二生产线”复选框，最后单击“确定”按钮。

e. 修饰图表。在“布局”选项卡的“标签”组中单击“图表标题”下拉按钮，在弹出的下拉列表中选择“图表上方”命令插入图表标题，并修改图表标题为“第 19 周一车间产品不合格率变化趋势”。在“布局”选项卡的“标签”组中单击“坐标轴标题”下拉按钮，在弹出的下拉列表中选择“主要横坐标轴标题”，再选择“坐标轴下方标题”命令插入横坐标轴标题，并修改横坐标轴标题为“生产日期”。

在“布局”选项卡的“标签”组中单击“坐标轴标题”下拉按钮，在弹出的下拉列表中选择“主要纵坐标轴标题”，再选择“竖排标题”命令插入纵坐标轴标题，并修改纵坐标轴标题为“产品不合格率”。拖动图表边框，将其放大到适当大小即可。修饰后的图表如图 4.34 所示。

求和项:不合格率	生产单位		
生产日期	一车间第二生产线	一车间第一生产线	总计
2023/5/9	0.027	0.048	0.075
2023/5/10	0.043	0.031	0.074
2023/5/11	0.049	0.025	0.074
2023/5/12	0.024	0.034	0.058
2023/5/13	0.02	0.024	0.044
总计	0.163	0.162	0.325

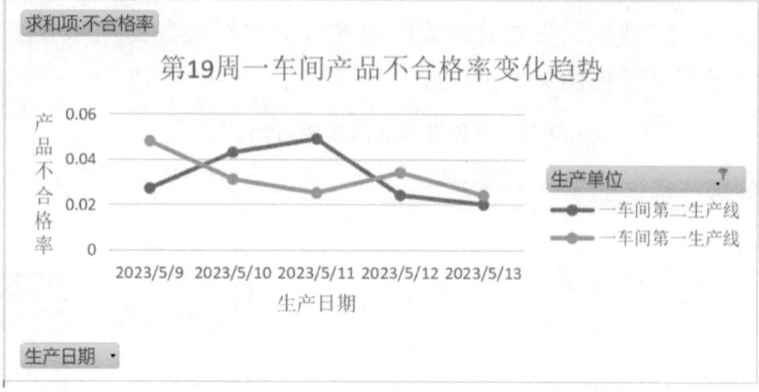

图 4.34 修饰图表

⑤ 使用数据透视图(堆积圆柱图)对比 19 周各类产品的合格总数

a. 创建数据透视表。将光标定位到 Sheet4 工作表的 A1 单元格中，在“插入”选项卡的“表格”组中单击“数据透视表”下拉按钮，在弹出的下拉列表中选择“数据透视表”命令，打开“创建数据透视表”对话框，设置“表/区域”为 Sheet1 工作表的 A2:H22 单元格区域，单击“确定”按钮。

在“数据透视表字段列表”窗格中选择“生产日期”“产品名称”“生产单位”“合格产品数量”4 个字段，并将“生产单位”字段从“行标签”列表框拖动到“报表筛选”列表框中，将“生产日期”字段从“行标签”列表框拖动到“列标签”列表框中，通过上述操作得到如图 4.35 所示的数据透视表。

	A	B	C	D	E	F	G
1	生产单位	(全部)					
2							
3	求和项:合格产品数量	生产日期					
4	产品名称	2023/5/9	2023/5/10	2023/5/11	2023/5/12	2023/5/13	总计
5	编码器		95	114		116	325
6	可调电阻	121	116	115		124	476
7	轻触开关		110	97		97	304
8	旋转电位器	109		108	229	112	558
9	直滑式电位器	235	100		216		551
10	总计	465	421	434	445	449	2214

图 4.35 数据透视表

b. 插入图表。将光标定位到数据透视表中，在“插入”选项卡的“图表”组中单击“柱形图”下拉按钮，在弹出的下拉列表中选择“堆积圆柱图”选项，则在当前工作表中插入一个堆积圆柱图。选中图表，切换到“数据透视图工具”上下文选项卡的“设计”选项卡，在“位置”组中单击“移动图表”按钮，打开“移动图表”对话框，选中“新工作表”单选按钮，单击“确定”按钮。

c. 修饰图表。插入“图表标题”为“2023 年第 19 周各类产品的产量对比”，插入横坐标轴标题为“产品名称”，插入纵坐标轴标题为“产量”。设置各标题、图例及坐标轴的字体，操作方法为：右击相应位置，在弹出的快捷菜单中选择“字体”命令，打开“字体”对话框，即可设置“中文字体”“字体样式”“大小”“字体颜色”等选项。

设置图表区的填充效果，操作方法为：右击图表区，在弹出的快捷菜单中选择“设置图表区域格式”命令，打开“设置图表区格式”对话框，设置“填充”为“图片或纹理填充”，同时在“纹理”下拉列表框中选择“花束”效果。设置背面墙的填充效果与图表区的操作方法相同，填充效果为“大理石”纹理。最终结果如图 4.36 所示。

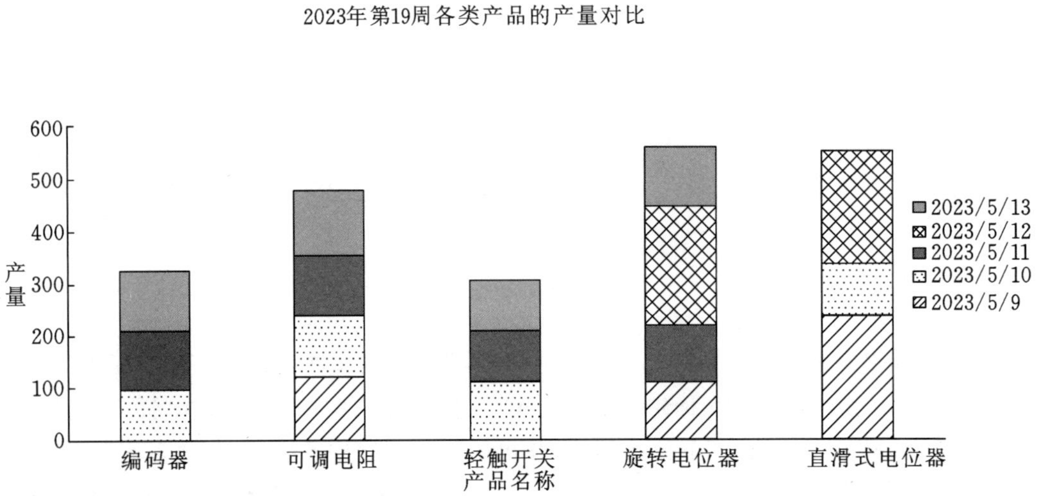

图 4.36 数据透视图

4.3.6 学习手札

4.4 初识大数据

在日常的工作与生活中，数据是必不可少的。在此前的学习单元中，我们已对数据的采集、存储、加工与分析进行了初步探讨，这些环节主要聚焦于结构化数据的处理。然而，值得注意的是，在广泛的生活场景中，还存在着更为庞大的半结构化数据与非结构化数据资源。具体而言，我们能够从电子邮件与网页等渠道获取这类数据，同时，在数字电视、各类网站、视频软件中的短视频，以及直播平台上的实时直播中，也蕴藏着丰富的数据信息。

此外，随着技术的发展，“大数据”、“云计算”与“人工智能”等前沿术语日益深入人心，它们正引领着新一代信息技术的融合应用趋势。大数据的处理与分析技术已悄然融入我们的日常生活、学习与工作之中，成为推动社会进步的重要力量。例如，大数据技术能够助力交通系统的优化升级，还可以通过收集并分析家庭能耗数据，为用户提供切实可行的节能建议，从而促进资源的高效利用与可持续发展。

4.4.1 知识图谱

具体如图 4.37 所示。

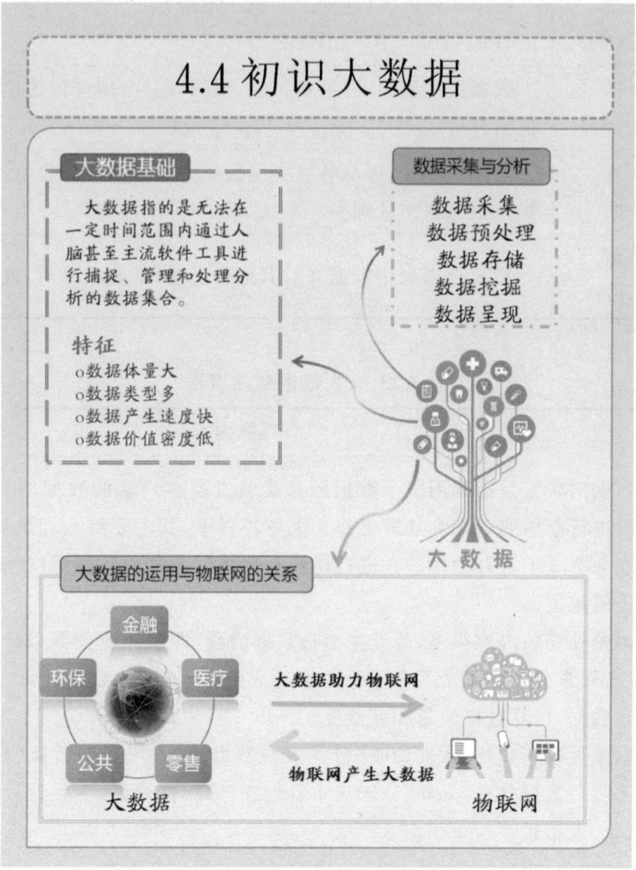

图 4.37 知识图谱——初识大数据

4.4.2　目标导航

(1) 了解大数据的基础知识和基本特征；
(2) 了解大数据采集与分析的相关技术；
(3) 了解大数据的应用场景；
(4) 理解大数据与传统数据的区别。

4.4.3　必备知识清单

具体见表4.22至表4.23。

表4.22　大数据

知识点	具体内容	
基础知识	大数据指的是无法在一定时间范围内通过人脑甚至主流软件工具进行捕捉、管理和处理分析的数据集合，它需要在信息技术支撑下，利用全新的数据分析处理方法，在海量、复杂、杂乱的数据集合中提取有价值信息的技术处理过程，其核心就是对数据进行智能化的信息挖掘，并发挥其作用	
基本特征(4V)	大量(Volume)	数据体量巨大，达到PB、EB、ZB级别。 1PB＝1024TB≈10WGB
	多样(Variety)	数据类型繁多，有网络日志、视频、图片、地理位置信息、环境信息、生物体征信息等
	高速(Velocity)	处理速度快，可从各种类型数据中快速获取高价值信息，与传统的数据挖掘技术有本质区别
	价值(Value)	只要合理利用数据并对其进行正确、准确的分析，就会带来高价值回报

表4.23　大数据处理流程

知识点	具体内容
采集数据预处理	大数据的采集是指利用多个数据库来接收发自客户端的数据，并且用户可以通过这些数据库进行简单的查询和处理工作。采集过程中，其主要特点和挑战是并发数高，因为同时可能会有成千上万的用户在进行访问和操作。采集的数据维度越多、越密集，大数据潜在的价值越大。 数据预处理的内容很多，此处主要指数据清洗，即消除在数据采集的过程中由于人为疏忽、设备异常或采样方法不合理等因素造成的数据误差、数据丢失、数据重复等不同类型的问题数据，提高数据质量和完整性。 数据预处理还包括：数据集成(合并多源数据、去重)、数据转换(归一化/标准化、编码、特征工程)、数据分片(采样、分区)、质量检查(完整性验证、一致性校验)、安全与隐私保护(匿名化、加密)

续表4.23

知识点	具体内容	
数据存储	分布式文件系统（DFS）	文件系统管理的物理存储资源可能通过网络与节点相连，或由多个逻辑磁盘分区或卷标组合成一个层次化的文件系统
	分布式数据库（DDB）	分布式数据库逻辑上统一，物理上分布在不同计算机节点。分布式数据库管理系统（DDBMS）可通过网络访问不同位置的数据库
数据挖掘	在大量的数据中发掘出有用的信息模型和规则，进而产生有价值的信息和知识	
	分类	指通过观察大量数据后得出规则以建立类别模式，将数据中各属性分门别类地加以定义。例如，智能手机中的相册自动分类
	预测	是利用历史数据来预测未来可能发生的行为或现象。例如，根据以往的气象数据预测天气、利用用户搜索历史预测旅游景点的游客人数等
	聚类	是根据相似度将数据区分为不同聚类，使同一聚类内的个体距离较近或变异较小，不同聚类间的个体距离较远或变异较大。例如，根据客户的网络浏览习惯推送个性化内容
	关联规则	旨在发现哪些行为或现象总是一起发生。其典型例子是通过购物篮分析来发现交易数据库中不同商品之间的关系，找出顾客购买行为模式，分析结果可以应用于商品货架布局、存货安排等
数据呈现	将挖掘、分析和处理后的数据借助于图形化手段实现有效的传达。常见的数据呈现实例有柱状图、折线图、饼图、树形图、散点图	

4.4.4 典型例题

【例 1】随着对大数据研究的不断深入，下列属于大数据特征的是（　　）。

①真实性　②多样性　③巨量性　④迅变性

A.①②④　　B.①②③　　C.①②③④　　D.②③④

【答案】C

【解析】大数据通常具有以下几个特征：①多样性。数据来源广泛，形式多样，包括结构化数据、半结构化数据和非结构化数据等。②巨量性。数据体量巨大，可以达到PB级别甚至更高。③迅变性。数据产生速度快，需要快速处理和分析。在某些定义中，还会加上真实性，指的是数据的质量，包括数据的准确性、可靠性以及数据源的真实性等。根据这些特征，选项包含大数据的四个主要特性。

【例 2】大数据处理流程顺序一般为（　　）。

A.数据存储→数据采集与预处理→数据挖掘→数据呈现

B.数据采集与预处理→数据挖掘→数据存储→数据呈现

C.数据采集与预处理→数据存储→数据呈现→数据挖掘

D.数据采集与预处理→数据存储→数据挖掘→数据呈现

【答案】D

【解析】数据采集与预处理：首先收集来自不同源的数据，并对其进行清洗、转换等预处理工作，以确保数据的质量。数据存储：将预处理后的数据存储到数据库或数据仓库中。数据挖掘:使用各种算法和技术从存储的数据中提取有价值的信息和知识。数据呈现:将挖掘出来的信息以易于理解的形式(如通过报告、仪表盘或者可视化工具)展现给用户。

【例 3】 从数据展示的角度来看,可视化技术可以分为数据的结构可视化、功能可视化、关联关系可视化和________可视化。

【答案】 动态

【解析】 从数据展示的角度来看,可视化技术可以分为数据的结构可视化、功能可视化、关联关系可视化和动态可视化。动态可视化主要用于展示数据随时间的变化情况,它可以实时更新数据视图,帮助用户理解数据在不同时间点的状态和演变过程。通过动态可视化,用户可以观察到数据在趋势、周期性和突变等时间维度上的特性。

【例 4】 以下关于大数据特征的描述中错误的是(　　)。

A.数据体量大　　B.数据类型多

C.数据价值密度高　　D.数据产生的速度快

【答案】C

【解析】大数据的一个特点是其价值密度相对较低。这意味着虽然大数据集可能包含大量的有用信息,但是这些有用信息通常是分散在大量数据中的,需要通过数据分析才能提炼出价值。因此,大数据的价值密度不一定高。大数据的价值密度取决于数据的具体内容及其处理方式。

4.4.5　综合提升训练

4.4.5.1　选择题

(1) 麦肯锡将"大数据"定义为:一种规模大到在获取、(　　)、管理、分析方面大大超出了传统数据库软件工具能力范围的数据集合。

A.防护　　B.捕捉　　C.存储　　D.应用

(2)《中华人民共和国数据安全法》自 2021 年(　　)起施行。

A.9 月 1 日　　B.6 月 1 日　　C.8 月 1 日　　D.10 月 1 日

(3) 数据挖掘是一种(　　)过程。

A.数据捕获　　B.存储　　C.决策支持　　D.展示

(4) 数据展现也称为数据呈现或(　　)。

A.处理　　B.数据支持　　C.数据可视化　　D.数据分析

(5) 大数据价值的关键在于对数据的加工和(　　)能力。

A.获取　　B.清洗　　C.分析　　D.采集

(6) 计算机网络安全是通过采用各种技术和(　　)措施,使网络系统正常运行。

A.方法　　B.防护　　C.保密　　D.管理

(7) 目前全球每年总的数据量已达到(　　)级。

A.GB　　B.TB　　C.PB　　D.ZB

(8) 通过购物篮分析,发现不同商品项之间的关系,找出顾客购买行为模式,这属于数据挖掘中的(　　)。

A.分类　　B.预测　　C.聚类　　D.关联规则

(9) 在利用统计图表进行数据可视化表达时,为了显示出随时间而变化的连续数据的发展趋势，最适宜应用的图表是(　　)。

A.柱形图　B.饼形图　C.折线图　D.雷达图

(10) 智能手机中的相册可以自动分类，这是数据挖掘处理中的(　　)问题。

A.分类　B.聚类　C.预测　D.关联规则

(11) 大数据的主要应用领域是(　　)。

A.金融　B.医疗

C.汽车　D.以上答案都正确

(12) 大数据技术的核心是(　　)。

A.数据分析　B.数据存储

C.数据传输　D.以上答案都正确

(13) 数据仓库的主要作用是(　　)。

A.存储实时数据　B.支持决策制定

C.提高数据传输速度　D.加密数据保护

(14) 下面哪项关联不属于购物篮分析(　　)。

A.啤酒和尿布　B.湿巾和烧烤

C.咖啡和咖啡伴侣　D.飓风和蛋挞

(15) 大数据的起源是(　　)。

A.金融　B.电信　C.互联网　D.公共管理

4.4.5.2 填空题

(1) 大数据包括结构化、____________和____________数据。

(2) 数据采集主要通过传统信息、____________、物联网系统等几个渠道实现。

(3) 大数据存储需要分布式____________和分布式____________的支持。

(4) 数据仓库技术是指将数据从来源端经过抽取、____________、加载至目的端的过程。

(5) ____________指消除在数据采集的过程中由于人为疏忽、设备异常或采样方法不合理等因素造成的问题数据，提高数据质量和完整性。

4.4.6 学习手札

单元小结

本单元主要学习了数据采集、数据加工、数据分析等基本的操作技能与方法，了解了大数据的基本知识、应用场景。掌握了利用网络问卷、数据导入、格式转换等方式来采集数据，利用公式和函数、排序和筛选、分类汇总等对数据进行加工和处理，利用图表、数据透视表和透视图等对数据进行分析，体验了大数据分析的基本过程，培养了利用电子表格等数据处理工具解决具体问题的能力。

单元测验

一、选择题

1. 在工作表中，当要删除选定的若干行时，可通过（　　）操作。

A.视图　　B.数据　　C.格式　　D.编辑

2. 关于数据透视表，以下说法错误的是（　　）。

A.汇总、浏览、呈现数据的高效工具

B.可以根据需求快速调整结果的显示方式

C.一次只能对一个字段进行分类汇总

D.可以根据数据透视表创建数据透视图

3. 在运动会赛项积分表中有“总分”字段（F 列），现要求按总分在 G 列输入排名，可以使用（　　）函数。

A.RANK　　B.AVERAGE　　C.SUM　　D.VLOOKUP

4. 小金从网站上查到了最近一次全国人口普查的数据表格，他准备将这份表格中的数据引用到 WPS 表格中以便进一步分析，最优的操作方法是（　　）。

A.对照网页上的表格，直接将数据输入到 WPS 表格工作表中

B.通过复制、粘贴功能，将网页上的表格复制到 WPS 表格工作表中

C.通过 WPS 表格中的“自网站获取外部数据”功能，直接将网页上的表格导入 WPS 表格工作表

D.先将包含表格的网页保存为.htm 或.mht 格式文件，然后在 WPS 表格中打开该文件

5. 大数据的主要应用领域是什么？（　　）。

A.金融　　B.医疗

C.汽车　　D.以上答案都正确

6. 下列不属于大数据安全需求特点的是（　　）。

A.完整性　　B.机密性　　C.攻击性　　D.访问控制

7. 某工作表的单元格 A2 值为“北京”，单元格 B2 值为“欢迎你”，若要在单元格 F2 中显示“北京欢迎你”，可以使用公式（　　）。

A.＝A2&B2　　B.＝A2＋B2　　C.＝A2:B2　　D.＝A2B2

8. 在“成绩表”中，如果英语成绩大于 60 分，则在指定单元格中显示“通过”，否则显示“不通过”，可以使用（　　）函数。

A.SUM　　B.RANK　　C.IF　　D.MAX

9. 更改图表的颜色,应选择(　　)选项卡。

A.开始　　B.插入　　C.设计　　D.数据

10. Excel 工作表 D 列保存了 18 位身份证号码信息,为了保护个人隐私,需将身份证信息的第 9 到 12 位用"*"表示,以 D2 单元格为例,最优的操作方法是(　　)。

A.=MID(D2,1,8)+"****"+MID(D2,13,6)

B.=CONCATENATE(MID(D2,1,8),"****",MID(D2,13,6))

C.=REPLACE(D2,9,4,"****")

D.=MID(D2,9,4,"****")

11. 当前大数据技术的基础是由(　　)首先提出的。

A.微软　　B.百度　　C.谷歌　　D.阿里巴巴

12.在 Excel 工作表中存放了第一中学和第二中学所有班级总计 300 个学生的考试成绩,A 列到 D 列分别对应"学校""班级""学号""成绩",利用公式计算第一中学 3 班的平均分,最优的操作方法是(　　)。

A.=SUMIFS(D2:D301,A2:A301,"第一中学",B2:B301,"3 班")/COUNTIFS(A2:A301,"第一中学",B2:B301,"3 班")

B.=SUMIFS(D2:D301,B2:B301,"3 班")/COUNTIFS(B2:B301,"3 班")

C.=AVERAGEIFS(D2:D301,A2:A301,"第一中学",B2:B301,"3 班")

D.=AVERAGEIF(D2:D301,A2:A301,"第一中学",B2:B301,"3 班")

13. Excel 2010 的图表类型有多种,其中饼图最适合反映(　　)。

A.数据之间量与量的大小差异

B.数据之间的对应关系

C.数据间量随时间的变化趋势

D.单个数据在所有数据构成的总和中所占比例

14. 小江需要在 Word 中插入一个利用 Excel 制作好的表格,并希望 Word 文档中的表格内容随 Excel 源文件的数据变化而自动变化,最快捷的操作方法是(　　)。

A.在 Word 中通过"插入"→"对象"功能插入一个可以链接到源文件的 Excel 表格

B.复制 Excel 数据源,然后在 Word 右键快捷菜单上选择带有链接功能的粘贴选项

C.在 Word 中通过"插入"→"表格"→"Excel 电子表格"命令链接 Excel 表格

D.复制 Excel 数据源,然后在 Word 中通过"开始"→"粘贴"→"选择性粘贴"命令进行粘贴链接

15. 在 WPS 表格和 Excel 筛选操作中,关于被筛掉的数据的叙述正确的是(　　)。

A.不打印　　B.不显示　　C.永远丢失　　D.可以恢复

16. 随着对大数据研究的不断深入,下列属于大数据特征的是(　　)。

①真实性　②多样性　③巨量性　④迅变性

A.①②④　　B.①②③　　C.①②③④　　D.②③④

17.大数据处理流程顺序一般为(　　)。

A.数据存储→数据采集与预处理→数据挖掘→数据呈现

B.数据采集与预处理→数据挖掘→数据存储→数据呈现

C.数据采集与预处理→数据存储→数据呈现→数据挖掘

D.数据采集与预处理→数据存储→数据挖掘→数据呈现

二、填空题

1. Excel 工作表中的数据类型包括____________、____________及日期、时间型等。

2. 公式“=SUM(A3:A5,F4,F7)”中，参加求和运算的单元格分别是________。

3. ________图可以展示各类数据以及某个分类的详细占比情况。

4. 从数据展示的角度来看，可视化技术可以分为数据的结构可视化、功能可视化、关联关系可视化和________可视化。

5. 大数据主要有五大特征，包括________、________、速度快、________和价值密度低。

6. 单击________命令按钮可以对已命名的表格进行保存。

7. 麦肯锡定义的大数据四大特征是海量的数据规模、____________________、____________________和价值密度低。

8. 添加图表元素可以对图表的标题、________、图例等进行布局。

9. 新一代信息技术融合应用的关键在于对大数据的________和分析。

10. 求平均值的函数名称是________。

三、判断题

(　　)1. 如果输入单元格中的数据宽度大于单元格宽度时，单元格将显示为“######”。

(　　)2. 在采集数据前不需要拟定数据采集的方案，可以边做边定。

(　　)3. 在 Excel 2010 中对工作表按某列进行排序时，必须选定整个表格区域。

(　　)4. 在电子表格软件中对西文字符进行排序是不能区分大小写的。

(　　)5. 取消筛选后，数据表的行状态会自动恢复到筛选前的状态。

(　　)6. 合并计算就是对相应的数据进行求和。

(　　)7. 当数据透视表的数据更新时，数据透视表会自动随之更新。

(　　)8. 对用户的访问行为进行有效验证是大数据安全保护的一个重要方面。

(　　)9. 自动筛选的前 10 个功能要求一定筛选前 10 个。

(　　)10. 大数据加大了用户隐私泄露的风险。

四、简答题

1. 一般图表和数据透视图的区别是什么？

2. 大数据采集的方法有哪些？

5 感受程序魅力——程序设计入门

本章旨在引导学生了解程序设计的基本理念，初步掌握程序设计的方法，培养学生运用程序设计解决问题的能力。

内容要求

(1) 了解程序设计理念

了解程序设计的基础知识，理解运用程序设计解决问题的逻辑思维理念；

了解常见主流程序设计语言的种类和特点。

(2) 设计简单程序

了解一门程序设计语言的基础知识；

会使用相应的程序设计工具编辑、运行及调试简单的程序；

了解典型算法，会使用功能库扩展程序功能。

教学提示

在教学中，教师应基于生产、生活的实际需求，选用可视化、智能化等易于上手的程序设计语言及工具，通过项目的实践，设计简单的程序。消除学生对编程的畏难情绪，重点培养学生基于程序设计理念的逻辑思维习惯和方法能力。

在教学中，教师要引导学生了解程序设计基础知识，初步掌握程序设计的基本方法，进行信息采集、批量和自动化处理；了解典型算法的相关知识，尝试应用简单算法和功能库解决信息处理的具体问题。

核心素养目标

在信息技术迅速发展的今天，培养学生的综合素养显得尤为重要。为了适应未来社会的需求，设定以下四个核心素养目标（表 5.1）：技术基础与实践能力、逻辑思维与问题解决能力、创新意识与实践精神、职业态度与社会责任感。这些目标旨在帮助学生不仅在技术层面获得扎实的基础和实践能力，还能在逻辑思维、创新意识、团队合作和社会责任等多个维度全面发展。通过实现这些目标，学生将能够更好地应对未来的挑战，为职业生涯的成功奠定坚实的基础。

表 5.1　程序设计入门的四大核心素养目标

内涵	具体内容
技术基础与实践能力	(1)掌握至少一种程序设计语言(Python)的基础语法和常用功能。 (2) 能够使用 Python 程序设计工具编写、调试和运行简单的 Python 程序。 (3) 了解并能够运用典型算法解决实际问题,包括但不限于排序、查找等基本算法
逻辑思维与问题解决能力	(1)培养分析问题的能力,能够将复杂的问题分解为多个简单步骤,并设计出合理的解决方案。 (2) 理解程序设计中的基本概念,如变量、函数、循环、条件判断等,能够运用这些概念构建逻辑清晰的程序。 (3) 在遇到编程难题时,具备独立思考和解决问题的能力,能够查阅资料、利用网络资源寻找答案
创新意识与实践精神	(1)鼓励学生发挥创造力,尝试不同的编程方法和技术,探索新颖的解决方案。 (2) 通过项目实践,增强学生的动手能力和团队合作精神,学会在团队中有效沟通、协作完成任务
职业态度与社会责任感	(1)培养良好的编程习惯,如代码规范、文档撰写等,为将来进入职场做好准备。 (2) 了解信息技术领域的伦理道德和社会责任,认识到信息技术对于社会发展的正面影响以及可能带来的挑战。 (3) 激发学生对信息技术的兴趣,鼓励他们关注行业发展动态,为未来职业生涯规划奠定基础

通过实现上述核心素养目标,学生不仅能够在技术层面上获得扎实的基础和丰富的实践经验,还能够在逻辑思维、创新意识、团队合作和社会责任等多个方面全面提升。这些素养的培养将使学生具备解决复杂问题的能力,激发他们的创造力和探索精神,培养良好的职业习惯和道德观念。最终,学生将能够更好地适应信息技术领域的快速发展,为未来的职业生涯做好充分准备,成为具有竞争力和责任感的专业人才。相信通过这些努力,学生们将在信息技术领域取得卓越成就,为社会的发展作出积极贡献。

5.1　初识程序设计

程序设计是什么?程序设计就像是你给一台非常听话但“傻乎乎”的机器人写说明书。只要你写对了,它就能完美地按照你说的去做!比如,你可以告诉它什么时候该帮你关灯,什么时候该把饮料送到你手里,甚至让它陪你玩游戏!这就是程序设计的魔力,你能让机器为你做各种各样的事情,甚至做一些比你自己更快、更准的工作。让我们一起学习吧!

5.1.1　目标导航

(1) 了解算法的基本概念和特征、计算机程序的概念和基本结构;
(2) 会通过分析问题设计合理的算法,并对算法进行描述;
(3) 了解常见主流程序设计语言的种类和特点;
(4) 了解 Python 的基本语法,会编写简单的 Python 程序并进行调试运行。

5.1.2　知识图谱

具体如图 5.1 所示。

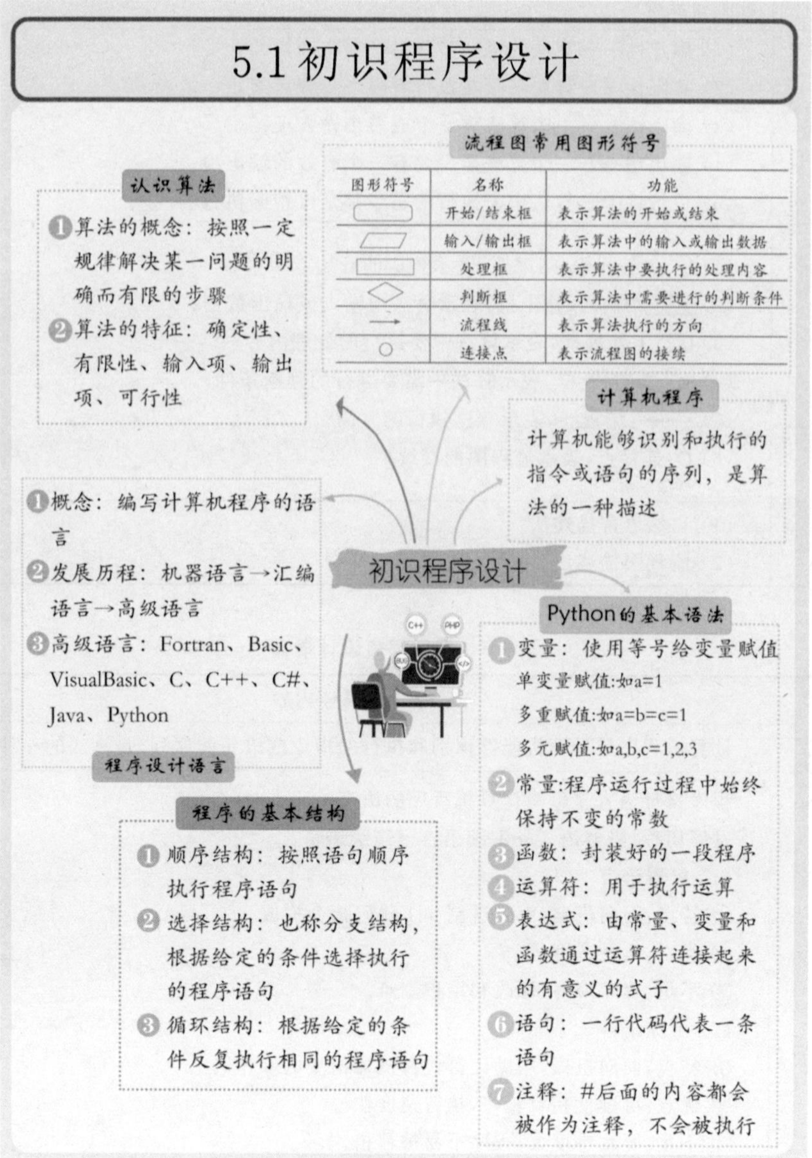

图 5.1　知识图谱——初识程序设计

5.1.3　必备知识清单

具体见表 5.2 和表 5.3。

表 5.2　认识算法

知识点	具体内容
算法的概念	算法是指按照一定规则解决某一问题的明确而有限的步骤，通俗地讲就是解决问题的方法和步骤
算法的特征	(1) 确定性——算法的每一步骤都必须有确切的含义； (2) 有限性——算法必须在执行有限个步骤后终止； (3) 输入项——一个算法有 0 个或多个输入项； (4) 输出项——一个算法至少要有一个有效的输出项； (5) 可行性——算法中需执行的每步都是可精确执行的
流程图	(1) ：开始/结束框，表示算法的开始或结束； (2) ：输入/输出框，表示算法中输入或输出数据； (3) ：处理框，表示算法中要执行的处理内容； (4) ：判断框，表示算法中需要进行的判断条件； (5) ⟶：流程线，表示算法执行的方向； (6) O：连接点，表示流程图的接续
设计算法	(1) 自然语言描述法。 (2) 流程图描述法

表 5.3　使用程序设计语言

知识点	具体内容
计算机程序	计算机程序是计算机能够识别和执行的指令或语句的序列，是算法的一种描述
程序设计语言	程序设计语言是编写计算机程序的语言。 发展历程：机器语言→汇编语言→高级语言。 (1) 机器语言 ① 特点：面向机器，由二进制 0、1 代码指令构成。 ② 优点：执行速度快。 ③ 不足：程序编写、修改和维护困难。 (2) 汇编语言 ① 特点：面向机器，用助记符代替机器指令的操作码。 ② 优点：可读性相对较好，执行速度快。 ③ 不足：开发难度大，程序不易被移植。 (3) 高级语言 ① 特点：独立于机器，面向过程或对象，近似于自然语言。 ② 优点：容易阅读，易学易用，通用性强。 ③ 不足：不能编写直接访问硬件资源的系统程序
高级语言	高级语言并不是特指某一种具体的语言，其种类繁多，如 Fortran、Basic、Visual Basic、C、C++、C#、Java、Python 等

续表5.3

知识点	具体内容
程序的基本结构	(1) 顺序结构：按照语句顺序执行程序，是最简单的程序结构。 (2) 选择结构：也称分支结构，是根据给定的条件选择执行的程序语句。 (3) 循环结构：根据给定的条件反复执行相同的程序语句
Python 的基本语法	变量、常量、函数、运算符、表达式、语句、注释

5.1.4 典型例题

【例 1】下列哪一项不是算法的特征？（　　）。

A.确定性　　B.无限性　　C.输入项　　D.输出项

【答案】B

【解析】本题主要考查的是学生对于算法特征的掌握。算法的特征包括确定性、有限性、输入项、输出项和可行性。无限性不是算法的特征，因为算法必须在有限个步骤后终止。

【例 2】运算符也称操作符，用于执行运算，包括算数运算符、关系运算符、________、位运算符、成员运算符和身份运算符。

【答案】逻辑运算符

【解析】本题主要考查的是学生对于 Python 的基本语法的掌握。运算符也称操作符，用于执行运算，包括算数运算符、关系运算符、逻辑运算符、位运算符、成员运算符和身份运算符。

【例 3】(判断题)程序代码中使用空行将逻辑相关的代码段加以分隔，以提高可读性。（　　）。

【答案】√

【解析】本题主要考查的是学生对于代码书写规范的掌握。代码中的空格使用规范：赋值符号“＝”前后各有一个空格；所有二元运算符(有两个操作数)应使用空格与操作符分开；语句中间的逗号、分号、冒号前面不需要空格，后面加一个空格。程序代码中使用空行将逻辑相关的代码段加以分隔，以提高可读性。

5.1.5 综合提升训练

5.1.5.1 选择题

(1) 一个人今天从早上八点开始上班，到下午五点下班，第二天也是如此，那么日复一日地上班属于程序基本结构的（　　）。

A.顺序结构　　B.选择结构　　C.循环结构　　D.以上都不对

(2) 在高级语言的发展历程中，哪一个选项代表了从低级到高级的正确顺序？（　　）。

A.机器语言→高级语言→汇编语言　　B.汇编语言→机器语言→高级语言

C.机器语言→汇编语言→高级语言　　D.高级语言→机器语言→汇编语言

(3) 结构化程序设计的 3 种结构是（　　）。

A.顺序结构、选样结构、转移结构　　B.分支结构、等价结构、循环结构

C.多分支结构、赋值结构、等价结构　　D.顺序结构、选择结构、循环结构

(4) 下列关于流程图常用图形符号的表述正确的是（　　）。

A.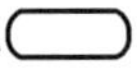:开始/结束框,表示算法的开始或结束

B.:判断框,表示算法中需要进行的判断条件

C.:处理框,表示算法中要执行的处理内容

D.:输入/输出框,表示算法中输入或输出数据

(5) 算法是指在有限的步骤内解决某一问题的确切过程。以下关于算法的描述中,错误的是(　　)。

A.算法必须有输入,也必须有输出,而且可以有多个输入输出

B.任何复杂的算法最终都可以用顺序、分支、循环结构来实现

C.《九章算术》中用“更相减损术”求最大公约数的记载属于算法的自然语言描述

D.同一问题选用不同的算法,其执行效率可能会有很大差别

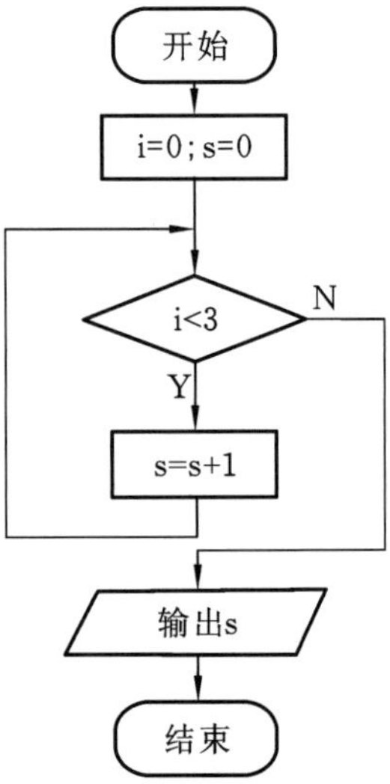

图 5.2　流程图 1

(6) 观察图 5.2 所示流程图,下列关于算法特征表述错误的是(　　)。

A.算法可以没有数据输入

B.算法至少有一个输出

C.该流程图符合算法的有穷性

D.该流程图中 s=s+1 体现了算法的确定性

(7) 算法是解决问题的方法和步骤,它的每一步都有确切的含义。这体现了算法的(　　)。

A.输出　　B.可行性

C.确定性　　D.有穷性

(8) 流程图的符号中,→是(　　)。

A.流程线　　B.开始/结束框

C.判断框　　D.处理框

(9) 某算法的部分流程图如图 5.3 所示,执行这部分流程后,输出 s 的值是(　　)。

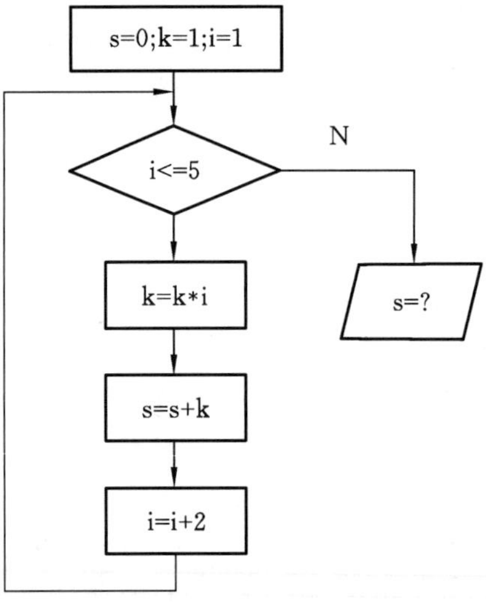

图 5.3　流程图 2

A.3　B.4　C.15　D.19

(10) 世界上第一个被正式推广使用的计算机高级语言是(　　)。

A.Python　B.C++　C.Java　D.Fortran

(11) 下列关于计算机程序的描述错误的是(　　)。

A.是计算机能够识别和执行的指令或语句的序列

B.是算法的一种描述

C.必须使用高级语言编写

D.描述算法可以用自然语言、流程图、伪代码

(12) 机器语言的主要优点是(　　)。

A.易于学习　B.执行速度快

C.程序易于移植　D.程序易于编写和维护

(13) 汇编语言相比于机器语言的一个主要优势是(　　)。

A.更高的执行速度　B.更容易编写系统程序

C.更好的可读性　D.不需要编译器

(14) Python 中的变量使用前必须做什么?(　　)。

A.定义类　B.初始化　C.注册　D.赋值

(15) 在 Python 中,通常如何表示一个常量?(　　)。

A.使用关键字 const　B.使用小写字母

C.使用大写字母　D.常量在 Python 中不存在

(16) 下列哪个选项不是 Python 中的运算符?(　　)。

A.++　B.**　C.//　D.%

(17) Python 中,哪个符号用于开始单行注释?(　　)。

A.//　B.--　C.#　D./**/

(18) Python 中,如何表示多行注释?(　　)。

A.使用多个 //　B.使用多个 ##

C.使用/*和*/　D.使用三对单引号或三对双引号

(19) 在 Python 中,以下哪个选项可以用来定义一个整数常量?(　　)。

A.x=5　B.x="five"　C.x=[5]　D.x=(5,)

(20) 在 Python 中,下列表示一个变量 a 与 b 相加的结果是(　　)。

A.a+b　B.a&b　C.a*b　D.a-b

(21) 下列选项中,允许根据条件执行不同的代码块的结构是(　　)。

A.顺序结构　B.循环结构　C.选择结构　D.函数调用

(22) 下列哪一个选项是正确的 Python 语句,用于输出"Hello World"?(　　)。

A.print("Hello World")　B.echo"Hello World"

C.output("Hello World")　D.display("Hello World")

(23) 在 Python 中,将一个值同时赋值给多个变量的是(　　)。

A.a=b=c=1　B.a,b,c=1

C.a=b=c,1　D.a,b,c=1,1

(24) (　　)的特点是面向机器,由二进制 0、1 代码指令构成。

A.高级语言　B.汇编语言　C.机器语言　D.自然语言

(25) 下列表达 a 的三次方的选项是(　　)。

A.a * 3　B.a ** 3　C.a^3　D.a%3

(26) 高级语言的一个重要特点是(　　)。

A.与特定硬件紧密相关

B.接近自然语言,易于学习

C.执行速度比汇编语言快

D.编写直接访问硬件资源的系统程序更简单

(27) 下面哪个选项不属于 Python 的基本语法元素?(　　)。

A.函数　B.指针　C.运算符　D.表达式

(28) 以下哪种语言属于高级语言?(　　)。

A.汇编语言　B.Python　C.C 语言　D.B 和 C

(29) 程序设计的主要目标是(　　)。

A.解决特定问题　B.编写复杂代码

C.提高运行速度　D.增加程序行数

(30) 在程序设计中,调试的主要目的是(　　)。

A.编写代码　B.运行程序

C.找出并修复错误　D.设计算法

5.1.5.2　填空题

(1) 简单来说,算法就是解决问题的________和________。

(2) 算法的特征包括确定性、________、________、输出项、可行性。

(3) 在 Python 中,如果要将一条语句分成若干行,可以在一行的尾部使用________符号。

(4) Python 中,算术运算符 // 的含义是________。

(5) 在 Python 中,____________是指封装好的一段程序,用于实现特定功能,可以反复执行。

(6) 高级语言的一个不足是不能编写直接访问____________的系统程序。

(7) 根据给定的条件反复执行相同的程序语句是________。

(8) 函数具有________、________和________。

(9) 用流程图描述算法中,圆形符号表示连接点,其功能是__________________________。

(10) Python 是一种面向________的高级编程语言。

(11) 通常,程序设计包括________、________、________和调试运行 4 个步骤。

(12) ________是由常量、变量和函数通过运算符连接起来的有意义的式子。

(13) 2 ** 4 的运算结果是________。

(14) 6 // 4 的运算结果是________。

(15) 2+3%2 的运算结果是________。

5.1.5.3　判断题

(　　)(1) 在用流程图描述算法时输入/输出框的内容与形状都不相同。

(　　)(2) 高级语言只有 Fortran、Basic、Visual Basic、C++、C#、Python。

(　　)(3) 算法中执行的任何计算步骤都可以被分解为基本的可执行的操作步骤。

(　　)(4) 在 Python 中,每个变量在使用前必须赋值,使用“=”(等号)给变量赋值。

(　　)(5) 算法至少有一个输入,不一定有输出。

(　　)(6) 算法的特征之一是有限性,意味着算法必须在执行有限个步骤后终止。

(　　)(7) 流程图中的处理框表示算法中需要进行的判断条件。

(　　)(8) 高级语言的特点是独立于机器,面向过程或对象,近似于自然语言。

(　　)(9) 在 Python 中,注释可以使用 # 符号,也可以使用三对单引号或三对双引号来表示多行注释。

(　　)(10) 程序的基本结构包括顺序结构、选择结构和循环结构。

(　　)(11) 7 // 2 的结果是 3。

(　　)(12) *,+,-这三个运算符的优先级都是 2。

(　　)(13) 汇编语言的可读性比机器语言差,但执行速度更快。

(　　)(14) 注释不会影响程序结果,所以没有必要写。

(　　)(15) 在 Python 中,如果要将一条语句分成若干行,可以在一行的尾部使用多行连接符“\”,例如 a=1+2+3+\ 4+5。

(　　)(16) 把问题转换为计算机程序的过程即程序设计,也称编程。

(　　)(17) 使用自然语言来描述算法虽然通俗易懂,但是一般句子较长,有时会产生歧义,且不便翻译成计算机程序设计语言,因此在程序设计中,更多地采用流程图来描述算法。

(　　)(18) 在 Python 中,变量的定义不需要指定数据类型。

(　　)(19) 使用 PyCharm 编写程序的先后顺序为创建 Python 代码文件、编写 Python 代码、创建项目和运行程序。

(　　)(20) 循环结构只能执行固定次数的迭代。

5.1.5.4 综合实践

(1) 任务一

简述算法有哪几个特征,并结合生活中的一个例子,说明算法的特征如何在实际操作中体现,并探讨这对个人价值观和社会责任感的影响。

(2) 任务二

根据以下自然语言描述,画出相应的流程图。

① 学生上课前需确认自己的学习目标。

② 如果目标明确,学生进入学习阶段,进行知识的学习和实践。

③ 如果目标不明确,学生需请教老师,获取指导。

④ 学生在学习过程中,应反思自己的学习效果。

⑤ 学习是否结束,若未结束则继续学习;若学习结束,学生需总结所学知识,并准备下次的学习计划。

(3) 任务三

论述在编程学习中,如何通过掌握程序设计语言的基本结构来提升逻辑思维能力,并探讨这对个人成长和社会发展的重要性。

5.1.6 学习手札

5.2 设计简单程序

做任何事情都要遵循一定的规律。例如,参观博物馆需要有预约码,且预约码应在有效期内,这两个条件缺一不可。程序设计也是如此。程序设计需要利用流程控制实现与用户的交流,并根据用户的需求决定程序"怎么做"。如果没有流程控制语句,整个程序将按照线性顺序来执行,无法完成用户想要程序"做什么"的任务。本节将继续从实际问题出发,学习程序的选择结构、循环结构及自定义函数的应用。下面让我们一起来学习设计一些简单程序以解决一些实际问题。

5.2.1 目标导航

(1) 了解程序设计的选择结构和循环结构;
(2) 会设计使用选择结构和循环结构的程序;
(3) 了解函数的一般概念;
(4) 会设计自定义函数并进行调用。

5.2.2 知识图谱

具体如图 5.4 所示。

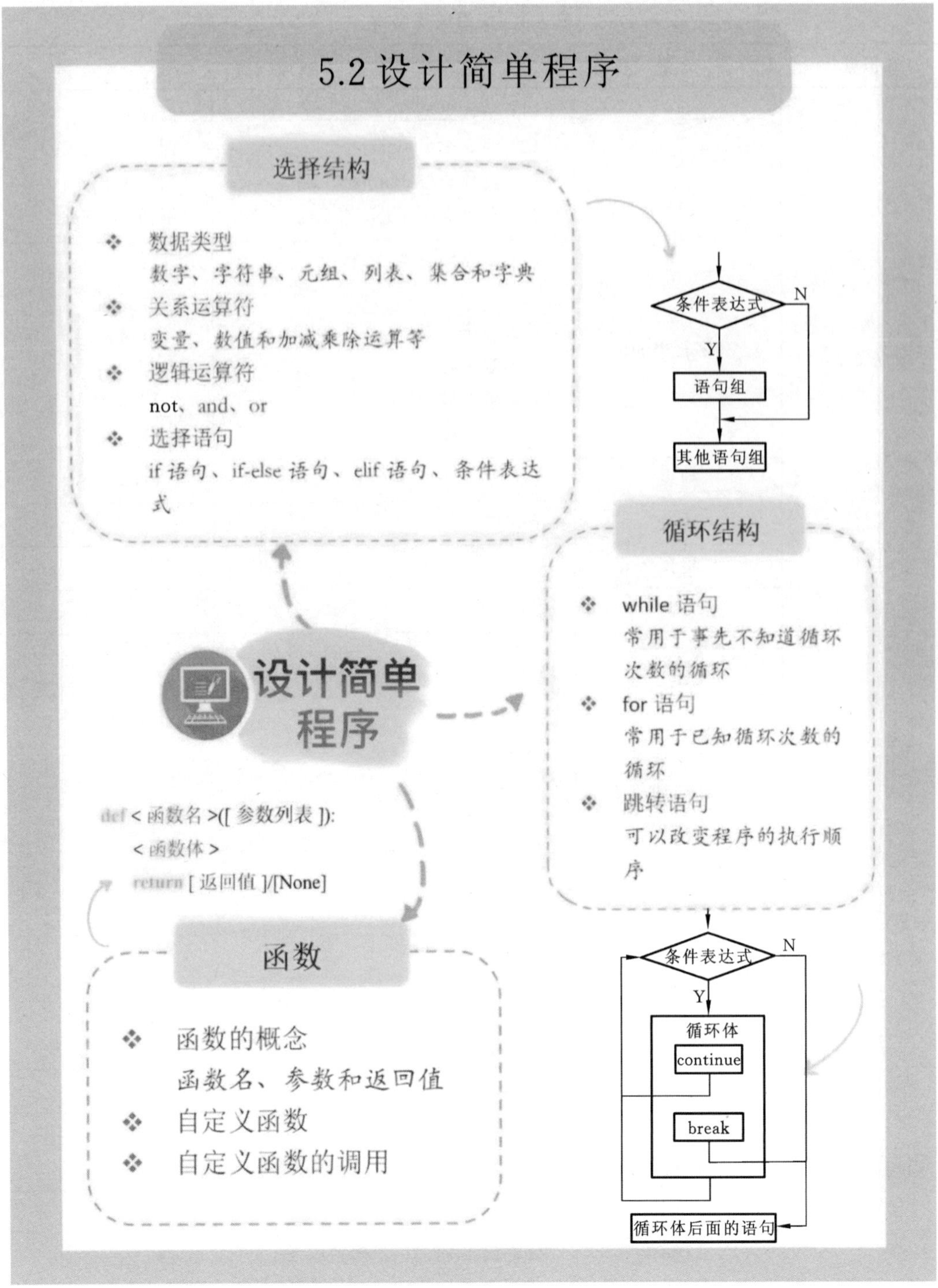

图 5.4 知识图谱——设计简单程序

5.2.3　必备知识清单

具体见表 5.4 至表 5.6。

表 5.4　使用选择结构

知识点	分类	具体内容	
数据类型	数字	(1) 整数类型 int (2) 浮点类型 float (3) 复数类型 complex (4) 布尔类型 bool	例:50 例:3.14、2.15e2 例:1+2j 例:True、False
	字符串 str	(1) 水平制表符 (2) 换行 (3) 回车 (4) 双引号 (5) 单引号 (6) 反斜线	\t \n \r \" \' \\
	列表	list	[20,10,50]
	元组	tuple	
	集合	set	
	字典	dict	
关系运算符	(1) 等于 (2) 大于 (3) 小于 (4) 大于或等于 (5) 小于或等于 (6) 不等于	= > < >= <= <>	
算数运算符	(1) 加 (2) 减 (3) 乘 (4) 除 (5) 求百分比 (6) 乘方	+ - * / % ^	
文本运算符	字符串连接	&	
引用运算符	(1) 区域运算 (2) 联合运算 (3) 交叉运算	:(冒号) ,(逗号) (空格)	
逻辑运算符	(1) 非(not) (2) 与(and) (3) 或(or)	优先级 1,将当前逻辑值取反 优先级 2,前后表达式均为真时,结果为真 优先级 3,若前后表达式中只有一个为真,则结果为真	

续表5.4

知识点	分类	具体内容
选择语句	(1) if 语句	if＜条件表达式＞： 　＜语句组＞
	(2) if-else 语句	if＜条件表达式＞： 　＜语句组 1＞ else： 　＜语句组 2＞
	(3) elif 语句	if＜条件表达式 1＞： 　＜语句组 1＞ elif＜条件表达式 2＞： 　　＜语句组 2＞ … elif＜条件表达式 n＞： 　　＜语句组 n＞ else： 　　＜语句组 n+1＞
	(4) 条件表达式	＜表达式 1＞if＜条件表达式＞else＜表达式 2＞

表 5.5　使用循环结构

语句分类	表达形式
while 语句	while＜条件表达式＞： 　＜语句组＞
for 语句	for＜迭代变量＞in＜序列＞： 　＜语句组＞
跳转语句	break 语句和 continue 语句

表 5.6　使用函数

知识点	具体内容
函数的概念	函数是指一段封装在一起的可实现某一特定功能的程序块，具有函数名、参数和返回值。灵活运用函数可以减少重复编写程序代码的工作量
自定义函数	def＜函数名＞([参数列表])： 　　＜函数体＞ 　　return[返回值]/[None] 说明： (1) 函数名必须符合标识符的命名规范； (2) 函数可以无参数，如果有多个参数，则参数列表之间用“,”分隔； (3) 函数如果无返回数据，则函数体中可以 return None 结束或省略 return 语句
自定义函数的调用	类似调用内置函数

5.2.4 典型例题

【例 1】Python 中用于条件判断的关键字是(   )。

A.check B.switch C.if D.select

【答案】C

【解析】check:这不是 Python 中的关键字,没有用于条件判断。switch:这不是 Python 中的关键字。虽然其他一些编程语言(如 C、C++、Java)中有 switch 语句,但 Python 中没有 switch 语句,通常使用 if-elif-else 结构来实现类似的功能。if:这是 Python 中用于条件判断的关键字。if 语句用于检查一个条件是否为真,并根据条件的结果执行不同的代码块。select:这不是 Python 中的关键字,没有用于条件判断。

【例 2】 Python 中用来声明字符串变量的关键字是(   )。

A.str B.int C.float D.char

【答案】A

【解析】int 代表整数类型,float 代表浮点数类型,char 并不是 Python 中的一个内置类型。

【例 3】(判断题)在函数调用中,关键字参数必须放在位置参数之后(   )。

【答案】×

【解析】在函数调用中,关键字参数可以放在位置参数之后,也可以放在位置参数之前,但通常建议放在位置参数之后以提高代码的可读性。

5.2.5 综合提升训练

5.2.5.1 选择题

(1) 下列哪个选项是正确的 Python 整数表示?(   )。

A.3.14 B.3,14 C.3 D."3"

(2) 下列哪一项不是有效的 Python 字符串定义?(   )。

A.'Hello World' B."Hello World"

C."""Hello World""" D.''Hello World''

(3) 在 Python 中执行乘法操作的算数运算符是下列哪一个?(   )。

A.+ B.- C. * D.^

(4) 下面哪一个不是 Python 的基本数据类型?(   )。

A.整形(int) B.浮点型(float) C.复数型(complex) D.对象(object)

(5) 下列哪个符号用于检查两个变量是否不相等?(   )。

A.== B.= C.! = D.<>

(6) 下列哪个表达式的结果为 False?(   )。

A.10>=10 B.10<=10 C.10>10 D.10==10

(7) 关系运算符的优先级(   )。

A.低于算术运算符 B.高于算数运算符

C.与算术运算符相同 D.无法确定

(8) 下列哪个表达式的结果为 True?(   )。

A.10/2==5　　B.10/2！=5　　C.10/2>5　　D.10/2<5

(9) 下面哪个不是 Python 中的算数运算符？(　　)。

A.+　　B. *　　C.%　　D.=

(10) 下列哪个逻辑运算符用于检查两个条件中至少有一个为真？(　　)。

A.and　　B.or　　C.not　　D.xor

(11) 下列哪个逻辑运算符用于取反一个布尔值？(　　)。

A.and　　B.or　　C.not　　D.xor

(12) 表达式 True and False 的结果是什么？(　　)。

A.True　　B.False　　C.None　　D.抛出异常

(13) 在 Python 中用于连接两个字符串的运算符是(　　)。

A.+　　B. *　　C.-　　D./

(14) 下列哪个关键字用于添加一个额外的条件分支？(　　)。

A.if　　B.elif　　C.else　　D.case

(15) 下列哪个关键字用于处理所有其他情况？(　　)。

A.if　　B.elif　　C.else　　D.default

(16) 下列哪个表达式可以作为 if 语句的条件？(　　)。

A.x=5　　B.x==5　　C.x5　　D.x：=5

(17) 下列哪个 if 语句是正确的？(　　)。

A.
```
if x=5:
    print("x is 5")
```
B.
```
if x=5
    print("x is 5")
```
C.
```
if x==5:
    print("x is 5")
```
D.
```
if x==5
    print("x is 5")
```

(18)
```
x=30
if x>20:
    print("x is greater than 20")
elif x<20:
    print("x is less than 20")
else:
    print("x is equal to 20")
```
执行这段代码后，输出是什么？(　　)。

A."x is greater than 20"　　B."x is less than 20"

C."x is equal to 20"　　D.没有输出

(19) 下列哪个 if 语句会输出"x is zero"？(　　)

A.
```
x=0
if x>0:
```

```
    print("x is positive")
elif x<0:
    print("x is negative")
else:
    print("x is zero")
```

B.x=5

```
if x>0:
    print("x is positive")
elif x<0:
    print("x is negative")
else:
    print("x is zero")
```

C.x=-5

```
if x>0:
    print("x is positive")
elif x<0:
    print("x is negative")
else:
    print("x is zero")
```

D.x=0

```
if x==0:
    print("x is positive")
elif x<0:
    print("x is zero")
else:
    print("x is negative")
```

(20) 下列哪个表达式可以作为 while 循环的条件？(　　)。

A.x=5　　B.x==5　　C.x 5　　D.x:=5

(21) 下列哪个 while 循环会输出数字 10 到 1？(　　)。

A.i=0

```
while i<10:
    print(i)
    i-=1
```

B.i=10

```
while i>10:
    print(i)
    i-=1
```

C.i=10

```
while i>10:
```

```
        print(i)
        i-=1
```
D.
```
i=10
while i>=1:
        print(i)
        i-=1
```
(22) 下列哪个 for 循环会输出数字 1 到 5？（　　）。

A.
```
for i in range(1,5):
        print(i)
```
B.
```
for i in range(1,6):
        print(i)
```
C.
```
for i in range(0,5):
        print(i)
```
D.
```
for i in range(1,5,2):
        print(i)
```
(23) 在 Python 的循环中，break 语句的作用是什么？（　　）。

A.跳过当前循环的剩余部分，并继续下一次循环

B.立即终止整个循环，不再执行后续的迭代

C.返回一个函数值并退出函数

D.暂停当前循环，等待用户输入后继续

(24) 下面的代码段将输出什么？（　　）。

```
for i in range(5):
    if i==3:
        break
    print(i)
```

A.0 1 2　　B.0 1 2 3　　C.0 1 2 3 4　　D.0 1 2 3 4 5

(25) 下列哪个函数调用是正确的？（　　）。

A.my_function()　　B.my_function

C.call my_function()　　D.run my_function()

(26) 下列选项中，不属于 Python 语言基本数据类型的是（　　）。

A.str　　B.int　　C.float　　D.char

(27) 在 Python 中，使用哪个关键字退出循环？（　　）。

A.break　　B.continue　　C.if　　D.quit

(28) 在 Python 中，要在字符串中添加换行符，可使用字符组合的是（　　）。

A.\a　　B.\n　　C.\q　　D.\x"

(29) Python 将带小数点的数字都称为（　　）。

A.小数　　B.分数　　C.定点数　　D.浮点数

(30) 在 Python 中，如果你想在一个字符串中插入一个回车符，你应该使用哪个转义字符？（　　）。

A.\t　B.\n　C.\r　D.\\

(31) 在 Python 中,实现多支选择结构比较好的方法是(　　)。

A.if　B.if-else

C.if-elif-else　D.if-else if-else

(32) 使用(　　)关键字来创建 Python 自定义函数。

A.function　B.func　C.procedure　D.def

(33) Python 中用来声明字符串变量的关键字是(　　)。

A.str　B.int　C.float　D.char

(34) 以下不是 Python 逻辑运算符的是(　　)。

A.not　B.and　C.break　D.or

(35) 在 Python 中,continue 语句的作用是(　　)。

A.结束整个循环

B.跳过当前循环体中剩余的语句,并继续下一次迭代

C.暂停程序的执行

D.抛出一个异常

(36) 如果 a=5 和 b=7,下列哪个表达式的结果为 False?(　　)。

A.a<b or a==b　B.a>b and a != b

C.(a<b)　D.a<=b and b>=a

(37) 下列哪项是跳转语句?(　　)。

A.if 语句　B.while 语句

C.for 语句　D.break 语句

(38) 下列哪个运算符用于执行整除(即结果只保留整数部分)?(　　)。

A./　B.//　C.%　D. *

(39) 下列哪个表达式的结果是 5?(　　)。

A.10/2　B.10 // 2　C.10%2　D.2 ** 2

(40) 在 Python 中,以下哪个操作符用于计算两个数的余数?(　　)。

A.%　B. **　C./　D.//

(41) 在 Python 中,以下哪个不是控制流语句?(　　)。

A.if　B.for　C.while　D.switch

(42) 下列 Python 表达式值不是 2 的是(　　)。

A.3%2　B.5 // 2　C.1 * 2　D.1+3/3

(43) 在 Python 中,不同的数据需要定义不同的数据类型,可用方括号“[]”来定义的是(　　)。

A.列表　B.元组　C.集合　D.字典

(44) 考虑以下 Python 代码段:

```
result=0
for i in range(1,5):
    result+=i
```

执行这段代码后,变量 result 的值是多少?(　　)。

A.4　　B.10　　C.15　　D.20

5.2.5.2　填空题

(1) Python 中的整数类型是________。

(2) 列表是 Python 中常用的________类型。

(3) 在 Python 中，用于条件判断的关键字是________。

(4) 在 Python 中，用于循环的关键字是________。

(5) 逻辑运算符 and 用于表示________。

(6) 在 if 语句中，条件表达式的结果必须是________类型。

(7) 下列代码段将输出什么？

```
x=10
if x>5:
    print("x is great than 5")
else:
    print("x is less than or equal to 5")
```

输出________

(8) 下列代码段将输出什么？

```
for i in range(1,6):
    print(i)
```

输出________

(9) 使用____________关键字来退出循环。

(10) 使用____________关键字来跳过当前迭代并继续下一次迭代。

(11) 在 Python 中，如果你想在一个字符串中插入一个水平制表符，你应该使用转义字符____________。

(12) 在 Python 中，逻辑运算符 not 用于对单个条件取反。如果条件为真，则 not 条件的结果是____________；如果条件为假，则 not 条件的结果是____________。

(13) 如果需要在条件不满足时执行另一段代码，可以使用____________语句来实现。

(14) “＜”运算符用于检查左边的操作数是否____________右边的操作数。

(15) Python 中用于表示不等于的关系运算符是____________。

(16) 函数是指一段____________在一起的可实现某一特定功能的____________，具有____________、____________和____________。灵活运用函数可以减少____________的工作量。

(17) 补全下面 for 循环语句

for＜迭代变量＞____＜序列＞：

____

(18) 在 Python 中，while 循环用于重复执行一段代码块，直到____________为假（即布尔值为 False）为止。

5.2.5.3　判断题

(　　)(1) Python 中的字符串可以用单引号(')、双引号(")或三重引号('''或""")来定义。

(　　)(2) 在 Python 中，整数类型(int)是没有大小限制的，取决于机器的内存。

(　　)(3) Python 中的列表是不可变的数据类型。

(　　)(4) 关系运算符==用于检查两个变量是否指向同一个对象。

(　　)(5) 表达式 1<2<3 在 Python 中是合法的,并且结果为 True。

(　　)(6) 运算符<=用于检查左边的值是否小于或等于右边的值。

(　　)(7) 逻辑运算符 and 用于检查两个条件是否都为 True。

(　　)(8) 表达式 True and False 的结果为 True。

(　　)(9) if 语句用于执行基于条件的代码块。

(　　)(10) else 语句必须紧跟在 if 语句之后,不能单独使用。

(　　)(11) elif 语句可以单独使用,不依赖于 if 语句。

(　　)(12) for 循环用于遍历序列(如列表、元组、字符串)或其他可迭代对象。

(　　)(13) for 循环不能嵌套在 while 循环中。

(　　)(14) break 语句可以用于 if 语句中。

(　　)(15) 函数必须有返回值。

5.2.5.4　综合实践

(1) 任务一

请用所学知识编写一个 Python 程序用来判断一个数字为奇数还是偶数。

(2) 任务二

请根据以下代码画出相应的流程图。

```
n=int(input("请输入一个数:"))
print(n)
```

（3）任务三

请说出 Python 的选择语句和循环语句分别有哪些？并说明它们的区别和作用。最后结合所学知识简要概括这对社会发展有什么样的作用。

5.2.6　学习手札

5.3　运用典型算法

如果需要将图书馆中同学们所还书籍按书名的字母顺序排列，你们会怎么做呢？通常，我们会从一堆书中挑选出第一本，然后依次挑出第二本、第三本……直到所有书都排好序。选择排序通过多次选择最小（或最大）的元素，将其放到已排序部分的末尾，从而实现整个数组的排序。这个过程就是选择排序的核心思想。本节我们将深入探讨各种排序算法和查找算法的实现细节和性能特点。

5.3.1　目标导航

（1）了解典型算法；

（2）会简单运用排序算法和查找算法；

（3）会使用功能库扩展程序功能。

5.3.2 知识图谱

具体如图 5.5 所示。

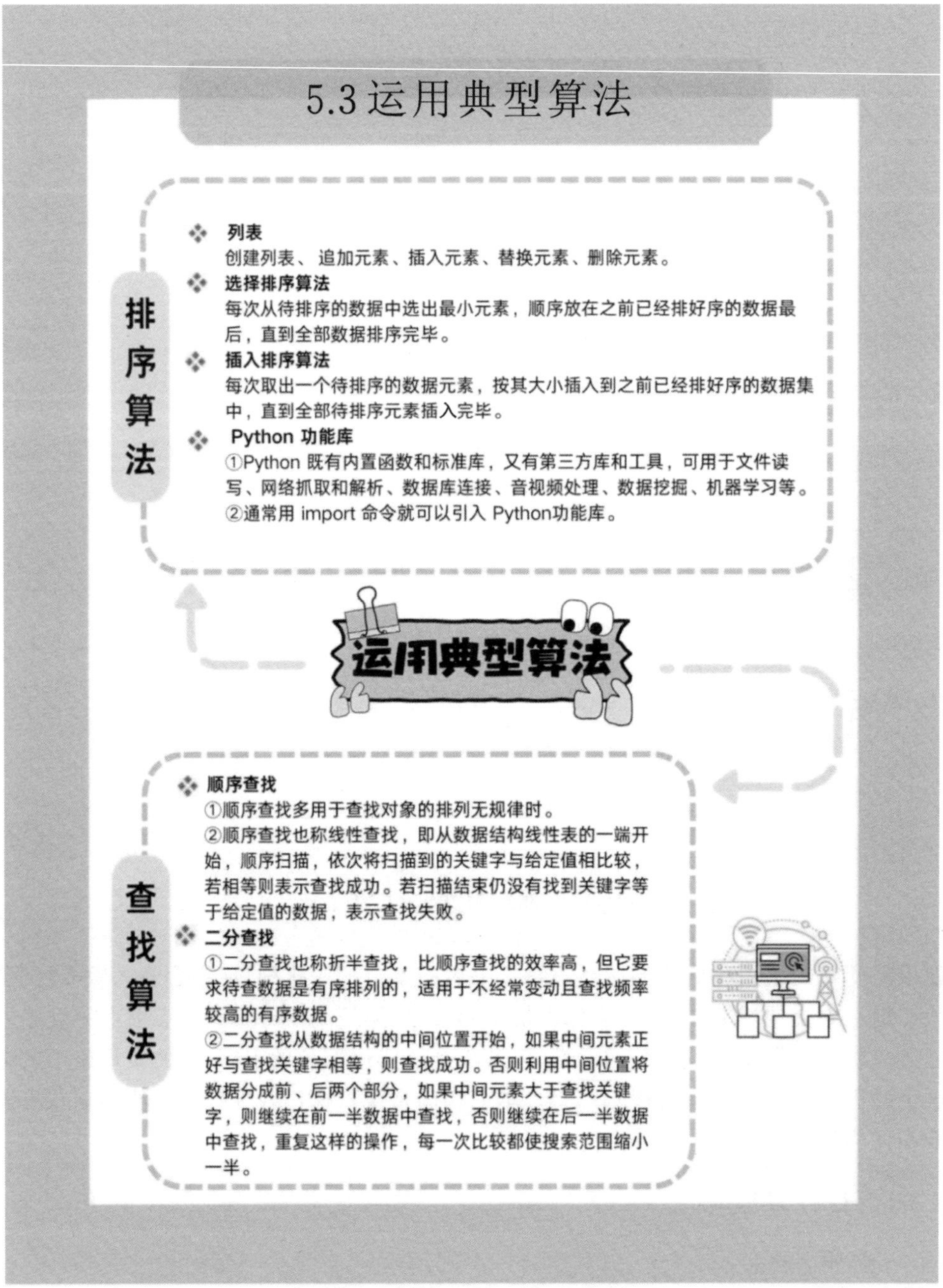

图 5.5 知识图谱——运用典型算法

5.3.3 必备知识清单

具体见表 5.7 和表 5.8。

表 5.7 运用排序算法

知识点	具体要求
排序算法	把数据按照从小到大或者从大到小的顺序进行排列
列表	(1) 创建列表:用“[]”将元素括起来,元素之间用逗号分隔。 (2) 追加元素:追加单个元素用 append()方法;追加多个元素或另一个列表使用“+=”或 extend()方法。 (3) 插入元素:使用 insert()方法可以在指定索引位置插入一个元素。 (4) 替换元素:使用运算符“=”。 (5) 删除元素:使用 remove()方法或 pop()方法
选择排序算法	每次从待排序的数据中选出最小元素,顺序放在之前已经排好序的数据最后,直到全部数据排序完毕
插入排序算法	每次取出一个待排序的数据元素,按其大小插入到之前已经排好序的数据集中,直到全部待排序元素插入完毕
Python 功能库	Python 既有内置函数和标准库,又有第三方库和工具,可用于文件读写、网络抓取和解析、数据库连接、音视频处理、数据挖掘、机器学习等。通常用 import 命令就可以引入 Python 功能库

表 5.8 运用查找算法

知识点	具体要求
查找算法	根据给定的某个值,在一组数据中确定一个关键字的值等于给定值的记录或数据元素
顺序查找	也称线性查找,即从数据结构线性表的一端开始,顺序扫描,依次将扫描到的关键字与给定值相比较,若相等则表示查找成功;若扫描结束仍没有找到关键字等于给定值的数据,表示查找失败。顺序查找多用于查找对象的排列无规律时
二分查找	也称折半查找。二分查找从数据结构的中间位置开始,如果中间元素正好与查找关键字相等,则查找成功;否则利用中间位置将数据分成前、后两个部分,如果中间元素大于查找关键字,则继续在前一半数据中查找,否则继续在后一半数据中查找,重复这样的操作,每一次比较都使搜索范围缩小一半

5.3.4 典型例题

【例 1】给定一个数字列表,按升序排序。

初始列表:[5,2,9,1,5,6]

目标列表:[1,2,5,5,6,9]

【答案】

方法一：

```
numbers=[5,2,9,1,5,6]
#使用.sort()方法
numbers.sort()
print(numbers)
#输出:[1,2,5,5,6,9]
```

方法二：

```
#或者使用 sorted()函数
numbers=[5,2,9,1,5,6]
sorted_numbers=sorted(numbers)
print(sorted_numbers)
#输出:[1,2,5,5,6,9]
```

【解析】在 Python 中，可以使用列表的.sort()方法直接对列表进行排序。此方法会改变原列表。另外，也可以使用 sorted()函数返回一个新的排序后的列表，而不改变原列表。

【例 2】下列哪一项是正确的创建列表的方式？（　　）。

A.list=(1,2,3)　　B.list=[1,2,3]

C.list={1,2,3}　　D.list=<1,2,3>

【答案】B

【解析】

A.list=(1,2,3)是创建元组(tuple)的方式，而不是列表。

B.list=[1,2,3]是创建列表的正确方式。

C.list={1,2,3}是创建集合(set)的方式，而不是列表。

D.list=<1,2,3>不是有效的 Python 语法。

5.3.5 综合提升训练

5.3.5.1 选择题

(1) 在列表里，第一个元素的索引是（　　）。

A.0　　B.1　　C.2　　D.3

(2) 如何向列表 my_list=[1,2,3]中添加一个元素 4？（　　）。

A.my_list.add(4)　　B.my_list.append(4)

C.my_list.insert(4)　　D.my_list.push(4)

(3) 对于一个已按升序排列的数组，使用（　　）算法可以快速确定某个元素是否存在。

A.顺序查找　　B.二分查找　　C.以上都不行　　D.随机查找

(4) 选择排序算法的基本思想是什么？（　　）。

A.每次从未排序部分选取最小值，放在已排序部分的末尾

B.将两个已排序的序列合并成一个有序序列

C.每次从未排序部分选取最大值，放在已排序部分的开头

D.通过不断交换相邻的元素来达到排序的目的

(5) 对于给定的序列 [5,3,6,1,0],使用选择排序进行升序排序后的第一次迭代结果是什么?(　　)。

A.[0,3,6,1,5]　　B.[1,3,6,5,0]　　C.[0,5,6,1,3]　　D.[0,3,6,5,1]

(6) 列表 a=[1,2],在执行语句 a.append(0)后,a 的值是(　　)。

A.[1,2]　　B.[1,2,0]　　C.[2]　　D.[0,1,2]

(7) 插入排序的基本思想是什么?(　　)。

A.从未排序部分取出一个元素,放到已排序部分的合适位置

B.将数组分成两部分,每次将一部分的所有元素移动到另一个部分

C.通过不断交换相邻的两个元素,直到整个数组有序

D.选择数组中的最小值,放到已排序部分的末尾

(8) 列表 a=[1,2,3,4],在执行语句 a.insert(1,0)后,a 的值是(　　)。

A.[0,1,2,3,4]　　B.[1,1,2,3,4]　　C.[1,0,2,3,4]　　D.[1,2,3,4,0]

(9) 插入排序的主要优点是什么?(　　)。

A.实现简单　　B.适用于大规模数据

C.实现复杂　　D.很不稳定

(10) 在选择排序中,如果数组中有多个相同的最小值,算法会怎样处理?(　　)。

A.选择第一个最小值　　B.选择最后一个最小值

C.随机选择一个最小值　　D.选择任意一个最小值

(11) 如果有一个列表 colors=['red','green','blue'],如何向该列表末尾添加一个新的颜色'yellow'?(　　)。

A.colors.append('yellow')　　B.colors.add('yellow')

C.colors.insert('yellow')　　D.colors.extend('yellow')

(12) 如何删除列表 fruits=['apple','banana','cherry'] 中的第一个元素?(　　)。

A.fruits.remove('apple')　　B.del fruits[0]

C.fruits.pop(0)　　D.以上都是

(13) 以下哪种算法在平均情况下查找效率较高?(　　)。

A.顺序查找　　B.二分查找　　C.两者差不多　　D.无法确定

(14) 在插入排序中,如果数组中有一个元素比前面所有的元素都小,这个元素会被插入到什么位置?(　　)。

A.数组的末尾　　B.数组的中间　　C.数组的开头　　D.任意位置

(15) 下列哪一项不是创建空列表的有效方法?(　　)。

A.list()　　B.[]　　C.list([])　　D.list(1,2,3)

(16) 顺序查找的主要优点是什么?(　　)。

A.高效　　B.简单

C.适用于大数据集　　D.不需要额外空间

(17) 顺序查找的主要缺点是什么?(　　)。

A.实现复杂　　B.效率低下

C.需要额外空间　　D.不能用于未排序的列表

(18) 在 Python 中,如何将列表 my_list=[1,2,3,4]中的第二个元素替换为 5?(　　)。

A.my_list[1]=5　B.my_list[2]=5

C.my_list.replace(2,5)　D.my_list.set(1,5)

(19) 如果列表 my_list=[1,2,3,4]中的第三个元素需要替换为 6,以下哪个操作是正确的?(　　)。

A.my_list[2]=6　B.my_list[3]=6

C.my_list.replace(3,6)　D.my_list.set(2,6)

(20) 在有序数组中查找一个不存在的元素,以下算法中比较次数最少的是(　　)。

A.顺序查找　B.二分查找

C.以上都不对　D.无法确定

(21) 以下哪项描述了选择排序的基本思想?(　　)。

A.将列表分成已排序和未排序两部分,每次从未排序部分选择最小元素放到已排序部分的末尾

B.通过多次遍历列表,每次将相邻的元素进行比较和交换

C.通过递归将列表分成更小的部分,然后合并

D.通过构建最大堆或最小堆来排序

(22) 对于列表 [8,3,6,1,5],如果使用选择排序算法进行排序,第一轮比较后列表变为(　　)。

A.[1,3,6,8,5]　B.[3,8,6,1,5]　C.[8,1,6,3,5]　D.[8,3,5,1,6]

(23) 顺序查找适用于(　　)的情况。

A.数据有序　B.数据无序

C.数据部分有序　D.只适用于短列表

(24) 如果列表中有重复的目标值,顺序查找会返回什么?(　　)。

A.第一个匹配项的索引　B.最后一个匹配项的索引

C.所有匹配项的索引　D.任意一个匹配项的索引

(25) 对于有序列表 [2,4,6,8,10],要查找元素 8,使用二分查找,第一次比较的中间元素是(　　)。

A.2　B.4　C.6　D.8

(26) 如何在列表 my_list=[1,2,3,4] 的索引位置 1 处插入元素 5?(　　)。

A.my_list.add(1,5)　B.my_list.append(1,5)

C.my_list.insert(1,5)　D.my_list.push(1,5)

(27) 如何删除列表 my_list=[1,2,3,4,5] 中的第三个元素?(　　)。

A.my_list.remove(3)　B.my_list.pop(2)

C.del my_list[2]　D.以上都可以

(28) 执行以下代码后,列表 my_list 的内容是什么?(　　)。

```
my_list=[1,2,3,4,5]
my_list.pop(1)
```

A.[1,3,4,5]　B.[1,2,4,5]　C.[1,2,3,5]　D.[2,3,4,5]

(29) 执行以下代码后,列表 my_list 的内容是什么?(　　)。

```
my_list=[1,2,3,4]
```

my_list.insert(len(my_list),5)

A.[1,2,3,4,5] B.[1,2,3,5,4] C.[1,2,5,3,4] D.[1,5,2,3,4]

(30) 下列哪一项是正确的创建列表的方式?( )。

A.list=(1,2,3) B.list=[1,2,3] C.list={1,2,3} D.list=<1,2,3>

(31) 二分查找算法适用的数据结构是( )。

A.无序数组 B.链表 C.有序数组 D.树形结构

(32) 以下哪种情况不适合使用二分查找算法?( )。

A.数组是有序的 B.数组是动态变化的

C.数组中有大量重复元素 D.数组非常大

(33) 以下哪种情况最适合使用顺序查找算法?( )。

A.数据量非常大的有序数组

B.数据量小且经常变化的无序数组

C.需要频繁插入和删除元素的数组

D.以上都可以

(34) 选择排序算法在每一轮中需要进行多少次交换?( )。

A.1 次 B.2 次 C.3 次 D.4 次

(35) 在插入排序过程中,如果待插入的元素比已排序部分的所有元素都大,它会被放置在( )。

A.已排序部分的开头 B.已排序部分的末尾

C.未排序部分的开头 D.未排序部分的末尾

(36) 在顺序查找算法的流程图中,首先应该做什么操作?( )。

A.比较目标值和当前元素 B.初始化索引变量

C.返回目标值的位置 D.结束查找

(37) 在顺序查找算法的流程图中,如果当前元素与目标值不相等,下一步应该做什么?( )。

A.返回当前索引 B.结束查找

C.增加索引值 D.重新初始化索引变量

(38) 在选择排序算法的流程图中,如果找到了最小值,下一步应该做什么?( )。

A.继续内层循环 B.交换最小值和当前元素

C.增加外层循环的索引 D.结束排序

(39) 列表 a=[1,2,3,2],在执行语句 a.pop()后,a 的值是( )。

A.[1,2,2] B.[1,3,2] C.[1,2,3] D.执行错误

(40) 以下关于 Python 功能库与排序、查找算法的说法,错误的是( )。

A.有些功能库可以辅助实现更高效的排序和查找

B.不同功能库在实现排序、查找算法时可能有不同的适用场景

C.Python 自带的排序函数(如 sorted)和我们所学的排序算法原理完全不同

D.功能库可以提供一些便捷的方法来实现类似排序、查找的操作

5.3.5.2 填空题

(1) 向列表末尾添加一个新元素的方法是__________________。

(2) 将一个可迭代对象的所有元素添加到列表末尾的方法是________________。

(3) 插入排序的基本思想是通过构建有序序列,对于未排序数据,在已排序序列中由后向前扫描,找到相应位置并____________。

(4) 将列表中的元素按升序排序的方法是____________。

(5) 在顺序查找中,是从数据结构线性表的____________开始,顺序扫描,依次将扫描到的关键字与给定值相比较。

(6) 创建一个空列表的语法是____________。

(7) ____________函数返回对象(字符、列表等)长度或项目个数。

(8) 为了使用二分查找,数据必须是______________________。

(9) 常见的查找算法有____________、____________等。

(10) 选择排序每一趟选择的是____________元素。

(11) 执行以下代码后,列表 my_list 的内容是 [1,2,3,________]。

my_list=[1,2,3] my_list.append(4)

(12) 在 Python 中,使用____________方法可以在列表的指定位置插入一个元素。

(13) 在 Python 中,可以通过直接赋值的方式替换列表中的元素。例如,要将列表 my_list=[1,2,3]中的第二个元素替换为 4,可以使用 ____________________。

(14) 执行以下代码后,列表 my_list 的内容是[1,________,2,3]。

my_list=[1,2,3] my_list.insert(1,4)

(15) 执行以下代码后,列表 my_list 的内容是 [1,2,4,5,________]。

my_list=[1,2,3,4,5,3] my_list.remove(3)

(16) 插入排序的基本思想是将一个记录插入到已经排好序的____________中,从而得到一个新的、记录数增 1 的有序表。

(17) 在插入排序过程中,每次插入一个元素时,需要将该元素与前面已排序部分的元素____________,直至找到合适的位置。

(18) 选择排序的基本思想是每一趟在待排序的数据元素中选出____________的元素,顺序放在已排序序列的____________。

(19) 顺序查找算法也称为____________,它从数组的第一个元素开始,逐个检查每个元素,直至找到目标值或遍历完整个数组。

(20) 在顺序查找中,如果数组中有多个相同的目标值,返回的是____________出现的目标值的位置。

5.3.5.3 判断题

(   )(1) 排序算法有多种,它们的排序效率都差不多。

(   )(2) 二分查找过程中,如果目标值等于中间元素,则搜索立即结束。

(   )(3) 二分查找只能用于有序数组。

(   )(4) 插入排序在数据基本有序时效率很高。

(   )(5) 列表的元素之间用逗号隔开。

(   )(6) 顺序查找适用于任何大小的数组。

(   )(7) 二分查找从数据的第一个元素开始。

(   )(8) 二分查找算法可以应用于任何类型的数据。

(　　)(9) 对于有序数组,插入新元素时不需要移动其他元素。

(　　)(10) 插入排序的基本思想是将一个元素插入到已经排序好的列表中。

(　　)(11) 排序后的数组查找效率一定比未排序的数组高。

(　　)(12) 列表里面的元素不能是中文。

(　　)(13) Python 标准库是 Python 发行版的一部分,无需额外安装即可使用。

(　　)(14) 顺序查找不需要数组有序。

(　　)(15) Python 列表是一种有序的数据结构,可以存储不同类型的数据。

(　　)(16) 使用[]可以创建一个空列表。

(　　)(17) 使用 list()函数也可以创建一个空列表。

(　　)(18) 使用运算符“+”可以在列表的末尾追加一个元素。

(　　)(19) 使用 append 方法可以在列表的任意位置插入一个元素。

(　　)(20) 使用 pop 方法可以从列表中删除指定索引位置的元素。

5.3.5.4 综合实践

(1) 任务一

创建一个包含数字 1 到 5 的列表,并打印出第三个元素。

(2) 任务二

使用选择排序算法对以下列表进行升序排序,并打印排序后的结果。

my_list=[64,25,12,22,11]

(3) 任务三

请结合查找算法的实际应用,谈谈如何利用技术手段解决社会问题,并阐述这一过程体现的社会责任感和个人价值。

5.3.6　学习手札

单元测验

一、选择题

1.下列选项中,(　　)的布尔值不是 False。

A.None　　B.0　　C.()　　D.1

2. 假设 a=9,b=2,那么下列运算中,错误的是(　　)。

A.a+b 的值是 11　　B.a // b 的值是 4

C.a%b 的值是 1　　D.a ** b 的值是 18

3. 下列符号中,表示 Python 中单行注释的是(　　)。

A.#　　B.//　　C.＜！-- --＞　　D.”””

4. 下列关键字中,用来引入模块的是(　　)。

A.include　　B.from　　C.import　　D.continue

5. 下列有关函数的说法中,正确的是(　　)。

A.函数的定义必须在程序的开头

B.函数定义后,其中的程序就可以自动执行

C.函数定义后需要调用才会执行

D.函数体与关键字 def 必须左对齐

6. 如图 5.6 所示,下列程序执行后输出的结果为(　　)。

```
x= 'abc'
y=x
y=100
print(x)
```

图 5.6　输出 x 的代码

A.abc　　B.100

C.97,98,99　　D.以上三项均是错误的

7. 已知一瓶饮料 5 元，你现在有 m 元，最多可以买多少瓶饮料？下列表达式正确的是(　　)。

A.m // 5　　B.m%5　　C.m / 5　　D.m ** 5

8. 如图 5.7 所示，下列程序执行后输出的结果为(　　)。

```
sum=0
for i in range(1,101):  #从 1 到 100(包括 100)
    if i%5 ! =0:
        continue
    sum+=i
print(sum)
```

```
sum=0
for i in range(1,101): #从1到100 (包括100)
    if i % 5 !=0;
        continue
    sum+1=i
print(sum)
```

图 5.7　输出 sum 的代码

A.1050　　B.1150　　C.950　　D.450

9. 下列表达式中，返回 True 的是(　　)。

A.a=2 b=2 a=b　　B.3>2>1

C.True and False　　D.2! =2

10. 下列语句中，哪个在 Python 中是非法的？(　　)。

A.x,y=10,20　　B.x=y=z=0　　C.x=(y=1)　　D.x+=5

11. 已知 a=5,b=15,c=25。以下语句执行后 a,b,c 的值是多少？(　　)。

```
if a<b:
  c=a
  a=b
  b=c
```

A.5,15,25　　B.15,5,5　　C.25,15,5　　D.15,5,15

12. 下面哪个选项用于循环遍历一个列表？(　　)。

A.for　　B.while　　C.if　　D.else

13. 以下哪个选项是用于计算列表中所有元素的和的正确的 Python 代码？(　　)。

A.
```
numbers=[1,2,3,4]
sum=0
for num in numbers:
    sum+=num
print(sum)
```

B.
```
numbers=[1,2,3,4]
sum=0
```

```
  for num in numbers：
    sum=+num
  print(sum)
```

C.numbers=[1,2,3,4]

```
  sum=0
  for num in numbers：
    sum=num
  print(sum)
```

D.numbers=[1,2,3,4]

```
  sum=0
  for num in numbers：
    sum+=num：
  print(sum)
```

14. 以下哪个选项是用于调用一个函数并正确输出的 Python 代码？（　　）。

A.def greet(name)

```
    return f"Hello,{name}!"
  greet("Alice")
```

B.def greet(name)：

```
    print(f"Hello,{name}!")
  greet("Alice")
```

C.def greet(name)：

```
    return f"Hello,{name}!"
  greet("Alice")
```

D.def greet(name)：

```
    print(f"Hello,{name}!")
  print(greet("Alice"))
```

15. 下列 for 循环语句写法正确的是（　　）。

A.for i in range(10)　　B.for i in range(10：)

C.for i in range(10,)　　D.for i in range(10,10)

16. 以下哪一项描述了插入排序算法的基本思想？（　　）。

A.从未排序的部分中选择一个元素，插入到已排序部分的适当位置

B.从未排序的部分中选择一个元素，插入到未排序部分的适当位置

C.从未排序的部分中选择一个元素，放到已排序部分的末尾

D.从未排序的部分中选择一个元素，放到未排序部分的开头

17. 下列值最大的一项是（　　）。

A.3 * 4　　B.10%5　　C.2 ** 3　　D.15/3

18. 以下哪个选项是合法的变量名？（　　）。

A.1st_name　　B.first-name　　C._firstName　　D.first name

19. 以下哪个选项是正确的条件嵌套？（　　）。

A.

```
if  x>0:
    if  y>0:
        print("x and y are positive")
```

B.

```
if  x>0
    if  y>0:
        print("x and y are positive")
```

C.

```
if  x>0:
    if  y>0
        print("x and y are positive")
```

D.

```
if  x>0
    if  y>0
        print("x and y are positive")
```

20. 如图 5.8 所示，要计算 1 到 10 的平方和，问号处应该填写(　　)。

```
s=0
for i in range(1,?):
    s += i**2
print(s)
```

图 5.8　输出 s 的代码

A.0　　B.9　　C.10　　D.11

21. 下列删除列表中最后一个元素的函数是(　　)。

A.del　　B.pop　　C.remove　　D.cut

22. 以下关于 break 和 continue 的描述，正确的是(　　)。

A.break 用于终止整个循环，而 continue 用于跳过当前循环的剩余部分并继续下一次循环

B.break 用于跳过当前循环的剩余部分并继续下一次循环，而 continue 用于终止整个循环

C.break 和 continue 都用于终止整个循环

D.break 和 continue 都用于跳过当前循环的剩余部分并继续下一次循环

23. 下列哪个选项可以用来获取字符串"Python"的长度？(　　)。

A.len("Python")　　B.str.length("Python")

C.size("Python")　　D.count("Python")

24. 下列哪个选项定义了一个函数 multiply，使得该函数接受两个参数并返回它们的乘积？(　　)。

A.def multiply(a,b);

```
    return a * b
B.def multiply(a,b);
    print(a * b)
C.def multiply(a,b):
    result=a * b
    return result
D.def multiply(a,b):
    return a+b
```

25. 下列哪个选项是正确的条件语句，用于判断变量 x 是否大于或等于 10 且小于或等于 20？（　　）。

A.if x>=10 and x<=20　　B.if x>10 or x<20

C.if 10<=x<20　　D.if x in range(10,21)

26. 如何在 Python 中创建一个列表？（　　）。

A.list={1,2,3}　　B.list=[1,2,3]

C.list=(1,2,3)　　D.list=<1,2,3>

27. 在流程图中，哪个符号用于表示输入或输出操作？（　　）。

A.矩形　　B.菱形　　C.椭圆形　　D.平行四边形

28. 执行下面代码，请问输出结果为（　　）。

```
name="顺顺"
def f1():
    print(name)
def f2():
    name="丰丰"
f1()
f1()
f2()
```

A.顺顺 顺顺　　B.丰丰 丰丰　　C.顺顺 丰丰　　D.丰丰 顺顺

29. 以下哪个选项是用于创建一个列表并添加元素的正确的 Python 代码？（　　）

A.numbers=[] numbers.append(1) numbers.append(2) print(numbers)

B.numbers=[] numbers.add(1) numbers.add(2) print(numbers)

C.numbers=() numbers.append(1) numbers.append(2) print(numbers)

D.numbers={} numbers.append(1) numbers.append(2) print(numbers)

30. 执行下面的 Python 代码会输出什么？（　　）。

```
def greet(name):
    if name=="Alice":
        return "Hello,Alice!"
    elif name=="Bob":
        return "Hi,Bob!"
    else:
```

```
        return "Nice to meet you!"
print(greet("Alice"))
print(greet("Bob"))
print(greet("Charlie"))
```

A.Hello,Alice!　Hi,Bob!　Nice to meet you!

B.Hi,Alice!　Hello,Bob!　Nice to meet you!

C.Hello,Alice!　Hi,Bob!　Hello,Charlie!

D.Hi,Alice!　Hello,Bob!　Hello,Charlie!

二、填空题

1. ________语言是计算机唯一能识别的语言,由二进制代码组成。

2. Python 源代码文件的扩展名通常是________。

3. 在 Python 中,** 运算符用于________。

4. Python 中变量名必须以________或________开头,不能以数字开头。

5. 算法的________性是指算法中需执行的每一步都是可精确执行的。

6. 表达式(2+3)*4-5 的结果是________。

7. 选择排序是一种简单的排序算法,其基本思想是每次从未排序的部分中选择最小的元素,将其放到已排序部分的末尾。已知初始数组:[64,25,12,22,11],求经过三轮排序后的数组是____________。

8. 多重赋值 x,y,z=1,2,3 中,执行 x,y,z=y,z,x 后,z 的值是________。

9. Python 中,列表的________方法用于添加元素,________方法用于删除元素。

10.
```
numbers=[1,2,3,4,5]
numbers.append(6)
print(numbers)
```
输出结果应该是________。

11.
```
age=20
if age>=18:
    message="成年"
else:
    message="未成年"
print(message)
```
输出结果应该是________。

12.
```
def add(a,b=5):
    return a+b
print(add(10))
```
输出结果应该是________。

13.
```
squares=[]
for x in range(5):
    square=x*x
    squares.append(square)
```

```
print(squares)
```

输出结果应该是________。

三、判断题

(　　)1. Python 中的 while 循环至少会执行一次循环体。

(　　)2. 二分查找算法适用于已排序的数组。

(　　)3. else 分支必须紧跟在 if 或 elif 之后。

(　　)4. 算法是解决问题的一系列步骤。

(　　)5. Python 代码通常以.pyc 文件扩展名保存。

(　　)6. 列表的索引从 1 开始。

(　　)7. 可以使用 remove()方法删除列表中的第一个匹配元素。

(　　)8. sorted 函数会直接修改原列表。

(　　)9. sorted 函数的 reverse 参数默认值为 True。

(　　)10. random 模块用于生成随机数。

(　　)11. 表达式 True and False 的结果是 True。

(　　)12. 在表达式 1＋2＊3－4/2 中，先执行乘法和除法运算。

(　　)13. 用两个等号"＝＝"来进行赋值。

(　　)14. (10 // 4＝＝2)or(15％4＜3)的结果是 False。

(　　)15. 缩进可以嵌套使用。

四、单元综合实训

1. 统计 1 到 100 之和。

2. 编写一个程序，查找所有此类数字，它们可以被 7 整除，但不能是 5 的倍数[在 2000 和 3200 之间(均包括在内)]。获得的数字应以逗号分隔并顺序打印在一行上。

3. 输出乘法口诀表。

4. 猴子吃桃问题：猴子第一天摘下若干个桃子，当即吃了一半，还不过瘾，又多吃了一个；第二天早上又将剩下的桃子吃掉一半，又多吃了一个。以后每天早上都吃了前一天剩下的一半再加一个。到第 10 天早上想再吃时，见只剩下一个桃子了。求第一天共摘了多少个桃？

5. 给定两个列表 a 和 b，请编写一段 Python 代码，将这两个列表合并成一个列表，并对合并后的列表进行排序，最后输出排序后的列表。给定 a=[2,6,8]，b=[7,0,4]，排序可使用 sort()方法，连接可以使用+号或 extend()方法。

6　创造动感体验——数字媒体技术应用

本模块旨在引导学生综合使用桌面或移动终端平台中的数字媒体功能软件，进行不同类型数字媒体的采集、加工与处理，并集成制作数字媒体作品。

内容要求

(1) 获取数字媒体素材

了解数字媒体技术及其应用现状；

了解数字媒体文件的类型、格式及特点，会获取文本、图像、音频、视频等常见数字媒体素材，会进行不同数字媒体格式文件的转换；

了解数字媒体信息采集、编码和压缩等技术原理。

(2) 加工数字媒体素材

会对图像、音频、视频等素材进行简单编辑、处理；

会制作简单动画。

(3) 制作简单数字媒体作品

了解数字媒体作品设计的基本规范，会集成数字媒体素材制作简单的数字媒体作品。

(4) 初识虚拟现实与增强现实技术

初步了解虚拟现实与增强现实技术；

会使用虚拟现实与增强现实技术工具，体验应用效果。

教学提示

在教学中，教师应选择生产、生活中数字媒体技术应用的典型案例，以项目和任务驱动方式实施教学。引导学生在熟练掌握数字媒体处理技能的同时，了解数字媒体技术及其应用现状，了解与数字媒体技术应用相关的业务规范，鼓励学生进行创意设计，培养学生的创新能力。

在教学中，教师要引导学生根据数字媒体技术应用要求，熟练应用不同功能的软件及工具，进行文、图、音、视频等常见数字媒体素材的浏览播放、采集、编辑和格式转换等操作，进行相应的修饰和特效处理，依据主题集成相关数字媒体素材，编辑和创作动画、音视频、动态及交互式演示课件等类型的数字媒体，并运用插件工具进行美化；了解数字媒体信息采集、编码和压缩等技术原理，了解数字媒体作品设计规范等相关知识并运用到数字媒体作品制作中；了解虚拟现实与增强现实技术，并使用移动终端、穿戴式设备等体验应用效果。

核心素养目标

学科核心素养是学科育人价值的集中体现，是学生通过学科学习与运用而逐步形成的正确价值观念、必备品格和关键能力，本章将在信息意识、计算思维与问题解决能力、数字化学习与创新、信息社会责任四个方面，落实核心素养目标(表 6.1)。

表 6.1 数字媒体技术应用的核心素养目标

内涵	具体内容
信息意识	(1) 能够根据学习和生活需求，自觉、主动地搜集、筛选、获取数字化多媒体资源。 (2) 能够分析多媒体资源承载的信息，甄别多媒体信息，对资源的可用性做出合理判断。 (3) 能够对问题进行拆解和规划，自主思考、团队协作、共享信息
计算思维与问题解决能力	(1) 分析收集的多媒体资源，根据文件类型整理划分存储多媒体资源。 (2) 根据资源类型分析，按照所需资源格式，运用格式转换软件进行文件转换。 (3) 能够修饰和特效处理图片、视频、音频等资源。 (4) 分析主题，规划设计，能够编辑和创作动画、音视频、动态及交互式演示课件等类型的数字媒体作品，创新表达自己的思想。 (5) 学习虚拟现实与增强现实技术，能够使用移动终端、穿戴式设备等体验应用效果
数字化学习与创新	(1) 能够根据问题或任务要求，运用数字化网络平台和学习资源进行自主学习。 (2) 能够依据任务要求自主(或协作)分析任务、创新设计数字化多媒体作品。 (3) 在多媒体作品制作过程中，针对遇到的困难和挑战，能够自主探究、有效沟通，协作解决困难、完成任务
信息社会责任	(1) 在多媒体作品制作中，合法使用多媒体资源，自觉抵制不良信息。 (2) 在进行多媒体作品创作时，注意保护个人及他人的信息隐私，以及公共信息安全，传达正确的价值观。 (3) 通过展现前沿的数字多媒体技术，体验沉浸震撼的多媒体作品，激发学生对多媒体技术的兴趣，鼓励他们创新应用

6.1 感知数字媒体技术

在数字化时代，信息以光速传播，而数字媒体技术正是这一变革的核心驱动力。今天，我们将一起探索数字媒体技术的奥秘，从基础概念到前沿应用，全方位了解这一领域的无限可能。

6.1.1 目标导航

(1) 了解数字媒体技术及应用现状；
(2) 了解数字媒体技术文件类型、格式及特点；
(3) 会获取文字、图像、音视频等常见数字媒体素材；
(4) 了解数字媒体采集、编码和压缩等技术原理。

6.1.2　知识图谱

具体如图 6.1 所示。

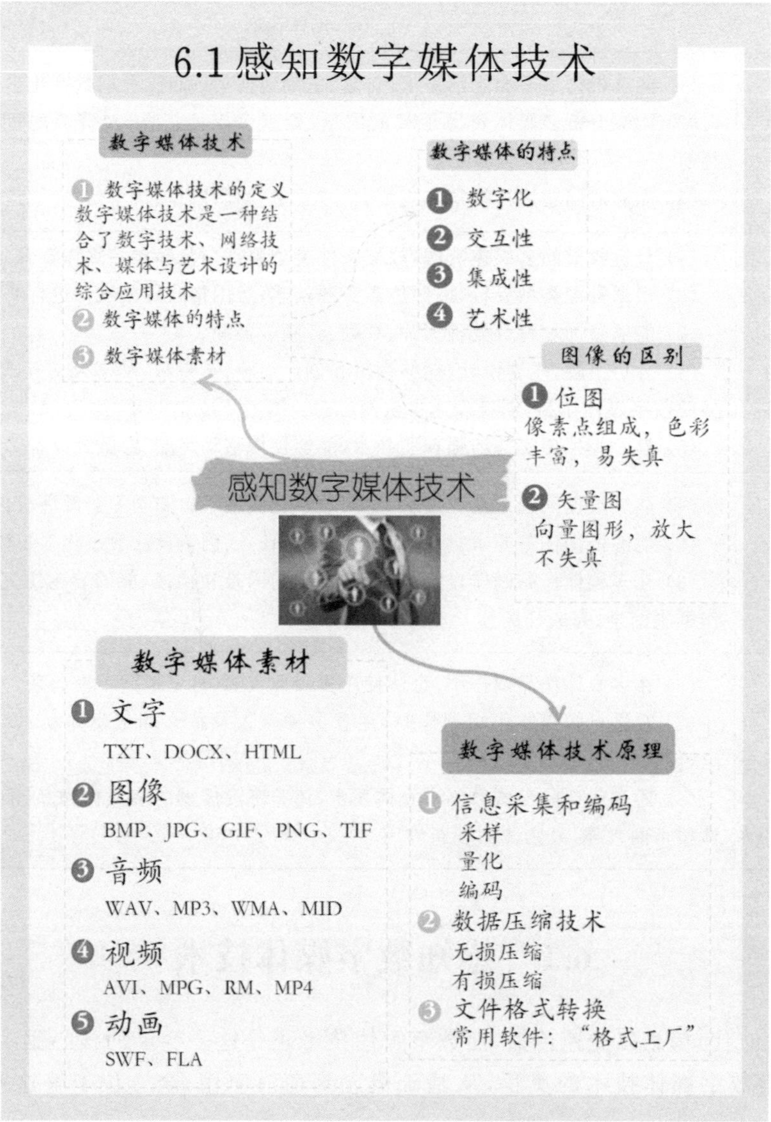

图 6.1　知识图谱——感知数字媒体技术

6.1.3　必备知识清单

具体见表 6.2 和表 6.3。

表 6.2 数字媒体技术

<table>
<tr><th colspan="3">知识点</th><th>具体内容</th></tr>
<tr><td rowspan="5">数字媒体技术的定义</td><td colspan="2">数字化</td><td>数字化是指将信息、数据等转换为数字格式的过程，以便于计算机和电子设备进行处理、存储、传输和分析</td></tr>
<tr><td colspan="2">媒体</td><td>“媒体”一词起源于拉丁语的“medius”，意为“中间的”或“居中的”。
媒体是指传播信息的媒介、信息的载体，是人与人之间实现信息交流的中介</td></tr>
<tr><td colspan="2">多媒体形式</td><td>包括文本、声音、图像、动画和视频等形式</td></tr>
<tr><td colspan="2">多媒体技术</td><td>计算机对文字、数据、图形、图像、动画、声音等多种媒体信息进行综合处理和管理，用户可以通过多种感官与计算机进行实时信息交互的技术</td></tr>
<tr><td colspan="2">数字媒体技术</td><td>利用计算机技术和网络通信技术，对文本、图形、图像、声音、视频等多种媒体信息进行采集、处理、存储、传输和展示的综合技术</td></tr>
<tr><td rowspan="4">数字媒体的特点</td><td colspan="3">数字化：以二进制(通常是 0 和 1)的形式存储、处理、传播信息，如文字、图像、声音、动画等</td></tr>
<tr><td colspan="3">交互性：用户与数字媒体内容之间双向沟通</td></tr>
<tr><td colspan="3">集成性：将多种媒体形式和技术手段结合起来</td></tr>
<tr><td colspan="3">艺术性：体现的艺术价值、审美特质和创造性</td></tr>
<tr><td rowspan="15">数字媒体素材</td><td rowspan="3">文本</td><td colspan="2">书面语言的表现形式，是构成文学这种语言艺术品的具体语言系统</td></tr>
<tr><td>常见格式</td><td>TXT、DOCX、PPTX 等</td></tr>
<tr><td>获取方式</td><td>通过键盘打字、手工书写、语音识别、扫描转换等方式获取</td></tr>
<tr><td rowspan="3">图像</td><td colspan="2">各种图形和影像的总称，是人类视觉的基础，是自然景物的客观反映，是人类认识世界和人类本身的重要源泉</td></tr>
<tr><td>常见格式</td><td>BMP、JPG、GIF、PNG、TIF 等</td></tr>
<tr><td>获取方式</td><td>通过拍摄、扫描、截屏、软件制作、网络下载等方式获取</td></tr>
<tr><td rowspan="3">音频</td><td colspan="2">音乐、语音和各种音响效果</td></tr>
<tr><td>常见格式</td><td>WAV、MP3、WMA、MID 等</td></tr>
<tr><td>获取方式</td><td>通过设备录制、软件录制、网络下载等方式获取</td></tr>
<tr><td rowspan="3">视频</td><td colspan="2">经过视频采集、数字化处理后，存储在计算机的动态影像</td></tr>
<tr><td>常见格式</td><td>AVI、MPG、RM、MP4 等</td></tr>
<tr><td>获取方式</td><td>通过拍摄、录屏、软件制作、网络下载等方式获取</td></tr>
<tr><td rowspan="3">动画</td><td colspan="2">是利用人眼的视觉暂留特性，快速播放一连串静态图像在人的视觉上产生平滑流畅的动态效果</td></tr>
<tr><td>常见格式</td><td>SWF、FLA 等</td></tr>
<tr><td>获取方式</td><td>通过软件制作、网络下载等方式获取</td></tr>
</table>

续表6.2

知识点	具体内容
位图与矢量图	位图：是由像素点阵组成的画面。位图表现力强，层次丰富，色彩逼真，可充分表现大量细节，但占用空间大，在对图像进行操作时，会产生锯齿或失真现象
	矢量图：是由可重构图像的指令构成，计算机只存储这些指令而不存储真正的图像。矢量图与分辨率没有关系，具有简洁明了、无级别放大而始终平滑的特点，占用空间小，便于网上传输，但不适合表现复杂的事务

表 6.3　数字媒体技术原理

知识点	具体内容
信息采集和编码	将物理世界中的模拟信号转换为数字信号的过程
	连续的模拟信号转换为离散的数字信号，主要包括采样、量化、编码三个过程
数据压缩技术	数据压缩是一种编码过程，根据原始数据的内在联系将数据从一种编码映射为另一种编码，以减少表示信息所需要的总位数。 常用的压缩工具，如 WinZip、WinRAR
无损压缩	将相同或相似的数据或数据特征归类，使用较少的数据量描述原始数据，以达到减少数据量的目的。这种压缩的文件可以完全还原，不影响文件内容，对于图像而言，不会使图像细节有任何损失，但压缩率有限
有损压缩	有损压缩是利用了人类视觉和听觉器官对图像或声音中某些信息不敏感的特性，在压缩过程中允许损失一定的信息以减少数据量。有损压缩后的数据无法完全恢复，会产生失真，但损失的数据对理解原始资料的影响较小。有损压缩广泛应用于语音、图像和视频数据的压缩。 有损压缩不能完全恢复原始数据，会产生失真，但压缩比可以很高

6.1.4　典型例题

【例 1】小张将创作图甲和图乙，图甲更注重表现图像的色彩和层次，图乙希望图像放大后仍然很清晰。图甲和图乙应该分别是（　　）。

A.位图、点阵图　　B.矢量图、位图

C.矢量图、点阵图　　D.位图、矢量图

【答案】D

【解析】本题主要考查的是学生对于位图和矢量图的概念的掌握。位图适合表现复杂的色彩和层次，但放大后会失真；矢量图放大后不会失真，适合需要保持清晰度的图像。

【例 2】下列选项中，不是视频文件后缀的是（　　）。

A.MPG　　B.WMA　　C.RM　　D.MOV

【答案】B

【解析】本题主要考查的是学生对于视频文件格式的掌握。WMA 是音频文件后缀。MPG、RM 和 MOV 都是视频文件后缀。

【例 3】下列关于压缩的说法，有误的是（　　）。

A.无损压缩允许在压缩过程中损失一定的信息以减少数据量

B.无损压缩广泛应用于文本的压缩

C.有损压缩不能完全恢复原始数据，会产生失真

D.有损压缩广泛应用于语音、图像和视频数据的压缩

【答案】A

【解析】本题主要考查的是学生对于无损压缩和有损压缩概念的掌握。无损压缩不允许在压缩过程中损失任何信息，解压后的数据与原始数据完全一致。有损压缩允许在压缩过程中损失一定的信息以减少数据量。

【例 4】任务：使用格式工厂完成以下三项任务。

(1) 将一个现有的视频文件 input_video.mp4 转换为 AVI 格式。

(2) 从 input_video.mp4 中提取音频并保存为 MP3 格式的文件。

(3) 将一批 JPG 格式的图片转换为 PNG 格式。

例 4 的资料

【解析】操作过程：

(1) 打开格式工厂：启动格式工厂应用程序。

(2) 转换视频格式：在格式工厂主界面，选择“视频”选项卡。点击“添加文件”按钮，选择你准备的视频文件 input_video.mp4。在右侧的格式列表中，选择你想要转换的目标格式 AVI。点击“输出配置”按钮，设置输出文件的路径和名称为 output_video.avi。点击“开始”按钮，开始转换过程并等待转换完成。转换完成后，格式工厂会显示转换成功。

(3) 提取音频：在格式工厂主界面，选择“音频”选项卡。点击“添加文件”按钮，选择你准备的视频文件 input_video.mp4。在右侧的格式列表中，选择 MP3。点击“输出配置”按钮，设置输出文件的路径和名称为 output_audio.mp3。点击“开始”按钮，开始提取音频过程。提取完成后，格式工厂会显示提取成功。

(4) 批量转换图片：准备一批 JPG 格式的图片文件，并将其放在一个方便访问的文件夹中，如：E:\aaa\images。在格式工厂主界面选择“图片”选项卡。点击“添加文件”按钮，选择你准备的所有 JPG 图片文件。在右侧的格式列表中，选择你想要转换的目标格式，如 PNG。点击“输出配置”按钮，设置输出文件的路径和名称，E:\aaa\converted_images。点击“开始”按钮，开始批量转换过程。转换完成后，格式工厂会显示转换成功。

6.1.5 综合提升训练

6.1.5.1 选择题

(1) 数字媒体技术的(　　)特点可以提高信息的传播效率和信息利用率。

A.数字化　　B.交互性　　C.集成性　　D.艺术性

(2) 数字媒体技术的(　　)特点开创了以用户为中心的数字媒体传播新局面。

A.数字化　　B.交互性　　C.集成性　　D.艺术性

(3) 下列选项中，不属于数字媒体素材的是(　　)。

A.文字　　B.图像　　C.声卡　　D.动画

(4) 下列选项中，不是文字媒体常见文件扩展名的是(　　)。

A.TXT　　B.DOCX　　C.PSD　　D.HTML

(5) 小张将创作图甲和图乙，图甲更注重表现图像的色彩和层次，图乙希望图像放大后仍

然很清晰。图甲和图乙应该分别是(　　)。

A.位图、点阵图　　B.矢量图、点阵图

C.矢量图、位图　　D.位图、矢量图

(6) 下列选项中，不是图像文件后缀的是(　　)。

A.MID　　B.EPS　　C.PSD　　D.TIFF

(7) 下列选项中，不是音频文件后缀的是(　　)。

A.WAV　　B.WMA　　C.WMV　　D.MID

(8) 下列选项中，全是位图图像格式的是(　　)。

A.PSD、BMP、JPEG　　B.JPEG、GIF、CDR

C.GIF、CDR、DWG　　D.DWG、EPS、DXF

(9) 下列选项中，不是视频文件后缀的是(　　)。

A MPG　　B.WMA　　C.RM　　D.MOV

(10) 下列选项中，不属于模拟信号转换为数字信号过程的是(　　)。

A.采样　　B.压缩　　C.量化　　D.编码

(11) 下列关于压缩的说法，有误的是(　　)。

A.无损压缩允许在压缩过程中损失一定的信息以减少数据量

B.无损压缩广泛应用于文本的压缩

C.有损压缩不能完全恢复原始数据，会产生失真

D.有损压缩广泛应用于语音、图像和视频数据的压缩

(12) 分辨率相同的两幅图像所占用的存储空间不一样，原因是(　　)。

A.图像中表现出的颜色数目不同　　B.图像的颜色深度不同

C.图像的尺寸不同　　D.图像的像素分辨率不同

(13) 将手机拍摄的照片用居中的方式设置为计算机的桌面，发现该照片只占据了屏幕中央的一小部分，原因是(　　)。

A.照片的分辨率比显示器的分辨率小　　B.照片的分辨率比显示器的分辨率大

C.照片的分辨率比像素分辨率小　　D.照片的分辨率比像素分辨率大

(14) 下列选项中，属于目前常用压缩工具的是(　　)。

A.Total Video Converter　　B.WinZip

C.360 安全卫士　　D.Winmap

(15) 不进行数据压缩的、标准的 Windows 图像文件格式是(　　)。

A.BMP　　B.GIF　　C.JPG　　D.TIFF

(16) 多媒体计算机中的媒体信息是指(　　)。

①数字、文字　②声音、图形　③动画、视频　④图像

A.①　　B.②③　　C.②③④　　D.全部

(17) 以下关于多媒体技术的描述中，正确的是(　　)。

A.多媒体技术只能处理声音和文字

B.多媒体技术不能处理动画

C.多媒体技术就是用计算机综合处理声音、文本、图像等信息的技术

D.多媒体技术就是制作视频

(18) 在计算机内，多媒体数据最终是以(　　)形式存在。

A.二进制代码　　B.特殊的压缩码

C.模拟数据　　D.图形图像、文字、声音

(19) 位图图像的基本组成单位是(　　)。

A.像素　　B.色块　　C.线条　　D.像点

(20) 以下选项中不是常用的声音文件格式的是(　　)。

A.JPEG 文件　　B.WAV 文件　　C.MIDI 文件　　D.VOC 文件

(21) 以下选项中不是常用的文字文件格式的是(　　)。

A.TXT 文件　　B.DOCX 文件　　C.MIDI 文件　　D.PPTX 文件

(22) (多选题)在多媒体计算机中，常用的图像输入设备是(　　)。

A.数码照相机　　B.数码摄像机

C.彩色扫描仪　　D.视频信号数字化仪

(23) (多选题)以下选项中具有多媒体教学软件的特点的选项有(　　)。

A.能正确、生动地表达本学科的知识内容

B.具有友好的人机交互界面

C.能判断问题并进行教学指导

D.能通过计算机屏幕和老师面对面讨论问题

(24)(多选题)(　　)是获取图像素材的方式。

A.利用数码相机拍摄图像素材　　B.利用扫描仪扫描获取图像素材

C.利用屏幕抓图软件捕获图像素材　　D.从光盘图库中获取图像素材

(25) 数字媒体技术的(　　)特点可以提高信息的传播效率和信息利用率。

A.数字化　　B.交互性　　C.集成性　　D.艺术性

(26) 数字媒体技术是一种结合了数字技术、(　　)、媒体与艺术设计的综合应用技术。

A.网络技术　　B.大数据技术　　C.区块链技术　　D.软件工程

(27) 对 MP4 文件的描述，以下正确的是(　　)。

A.采用有损压缩，压缩比低　　B.采用有损压缩，压缩比高

C.采用无损压缩，压缩比低　　D.采用无损压缩，压缩比高

(28) (　　)采用二进制的形式通过计算机来存储、处理和传播文字、图像、声音、动画等信息。

A.计算机技术　　B.计算机　　C.摄像机　　D.数字媒体技术

(29) 下列选项中，不属于数字媒体素材的是(　　)。

A 文字　　B.图像　　C.显卡　　D.动画

(30) 下列选项中，不是文字媒体常见文件扩展名的是(　　)。

A.TXT　　B.DOCX　　C.JPG　　D.HTML

6.1.5.2　填空题

(1) 数字媒体技术具有________、________、________、________等特点。

(2) 图像分位图和矢量图两种，对图像进行缩放、旋转等操作时会产生失真现象的是________。

(3) 常见的音频文件有 WAV、MP3、WMA 和____________等类型。

(4) 模拟信号转数字信号时,要把模拟信号的连续幅度转换为有限数量的有一定间隔的离散值,并__________使用进行编码,得到数字信号。

(5) __________广泛应用于语音、图像和视频数据的压缩。

(6) 在计算机中,根据图像记录方式的不同,图像文件可分为________和________两大类。

(7) 多媒体数据压缩编码方法可分为________和________。

(8) WinZip 是一个________软件。

(9) 衡量数据压缩技术性能好坏的重要指标是__________。

(10) 数字媒体技术是研究________、________、________等数字媒体的获取、加工、传递、存储和再现的技术。

(11) 数字媒体技术采用__________的形式通过计算机来存储、处理和传播文字、图像、声音、动画等信息。

(12) __________是由像素点阵组成的画面。

(13) __________与分辨率没有关系,具有简洁明了、无级别放大而始终平滑等特点。

(14) 广泛应用于文本、程序数据压缩的是__________压缩。

(15) 图像分位图和矢量图两种,对图像进行缩放、旋转等操作时会产生失真现象的是__________。

6.1.5.3 判断题

(　　)(1) 数字媒体技术的关键是数字媒体信息的采集、编码和压缩等。

(　　)(2) 常见的图像文件有 GIF、PNG、PDF 和 EPS 等类型。

(　　)(3) 矢量图占用的空间比较小,和分辨率没有关系,便于网上传输,但不适合表现复杂的事物,放大后会失真。

(　　)(4) 在计算机系统的音频数据存储和传输中,数据压缩会造成音频质量的下降。

(　　)(5) 随着数字媒体技术的发展,同一种媒体格式可以适应所有的电子设备。

(　　)(6) 数据压缩一定会对源文件有损害。

(　　)(7) 文本文件可以通过键盘输入、手动书写、语音识别、扫描转换等不同方式输入。

(　　)(8) 多媒体信息借助多媒体渠道进行传播,体现了数字媒体技术数字化的特点。

(　　)(9) 数字媒体更多的是依赖于硬件和操作系统,而不是其他形式的软件。

(　　)(10) 位图图像是由较大的对象创建而成的,它可以在不失去原始图像的基础上按比例缩放。

(　　)(11) 视频质量越高数据量越大。

(　　)(12) 在相同的条件下,位图所占的空间比矢量图小。

(　　)(13) 位图可以用画图程序获得、用荧光屏直接抓取、用扫描仪或视频图像抓取、从照片抓取。

(　　)(14) MP3 是一种压缩视频文件格式。

(　　)(15) 视频采集是将视频信号数字化并记录到文件上的过程。

(　　)(16) 多媒体数据压缩和解压技术是多媒体计算机系统的关键技术。

(　　)(17) 可以利用采集卡捕捉录像机中的视频素材。

(　　)(18) 图像分辨率(Image Resolution)是指图像中存储的信息量。

(　　)(19) 图像分辨率以比例关系影响着文件的大小，即文件大小与其图像分辨率的平方成反比。

(　　)(20) 多媒体技术就是计算机综合处理声音、文本、图像等信息的技术。

6.1.5.4 综合实践

(1) 任务一

高老师有一张以前的DVD光盘，存储一段教学视频，文件格式为VOB(DVD视频媒体使用的容器格式，能够将视频、音频、字幕、DVD菜单和导航等多种内容整合在一个流格式中)。高老师觉得DVD光盘使用不太方便，文件也很大，想把其中一段视频转换为MP4格式，下面我们就来帮助高老师完成这项任务。

(2) 任务二

任务二的素材

在"素材"文件夹中，进行以下操作。

① 文件整理：在"素材"文件夹中新建"图片""音乐""视频"文件夹，并将"素材"目录下的文件按文件类型移动至相应文件夹中。

② 文件重命名：对"图片"文件夹中的图片文件进行重命名，文件名为图片上显示的相应景点名称，如"南京博物院.jpg"。

③ OCR技术应用：将"南京介绍.jpg"图片中的文字转换成电子文稿，并另存为"南京介绍.txt"。

(3) 任务三

假设你是一名多媒体编辑师，刚刚接收了一批包含图片、音频、视频和文档的多媒体素材，用于制作一个关于环保主题的宣传项目。现在，你需要对这些素材进行整理，以便后续高效地使用它们。请描述你将如何整理这些素材，并给出具体的操作步骤。

(4) 任务四

给定一个文本文件(如"example.txt")，要求使用无损压缩技术(如WinZip、WinRAR等压缩工具)对其进行压缩，并解释压缩过程及结果。

(5) 任务五

请详细列出五种获取多媒体素材动画的方式，并为每种方式提供一个具体的操作步骤指南。

(6) 任务六

请利用格式工厂将名为“example.mp4”的视频文件转换为 WMV 格式，并确保转换后的视频文件具有与原文件相同的分辨率和比特率(或尽可能接近)。

视频文件

6.1.6　学习手札

6.2　制作简单的数字媒体作品

随着科技学术的应用发展，制作数字媒体作品的工具越来越丰富，制作过程也变得越来越容易。如今我们可以根据作品的设计要求，运用文字、图像、音频、视频与动画等各种元素，制作自己的数字媒体作品，表达主题与情感。

6.2.1　目标导航

(1) 了解图像处理的相关知识，会用软件加工处理图像。

(2) 了解动画的基本原理,会用软件制作简单动画。

(3) 了解视频编辑的相关知识,会用软件制作短视频。

6.2.2 知识图谱

具体如图 6.2 所示。

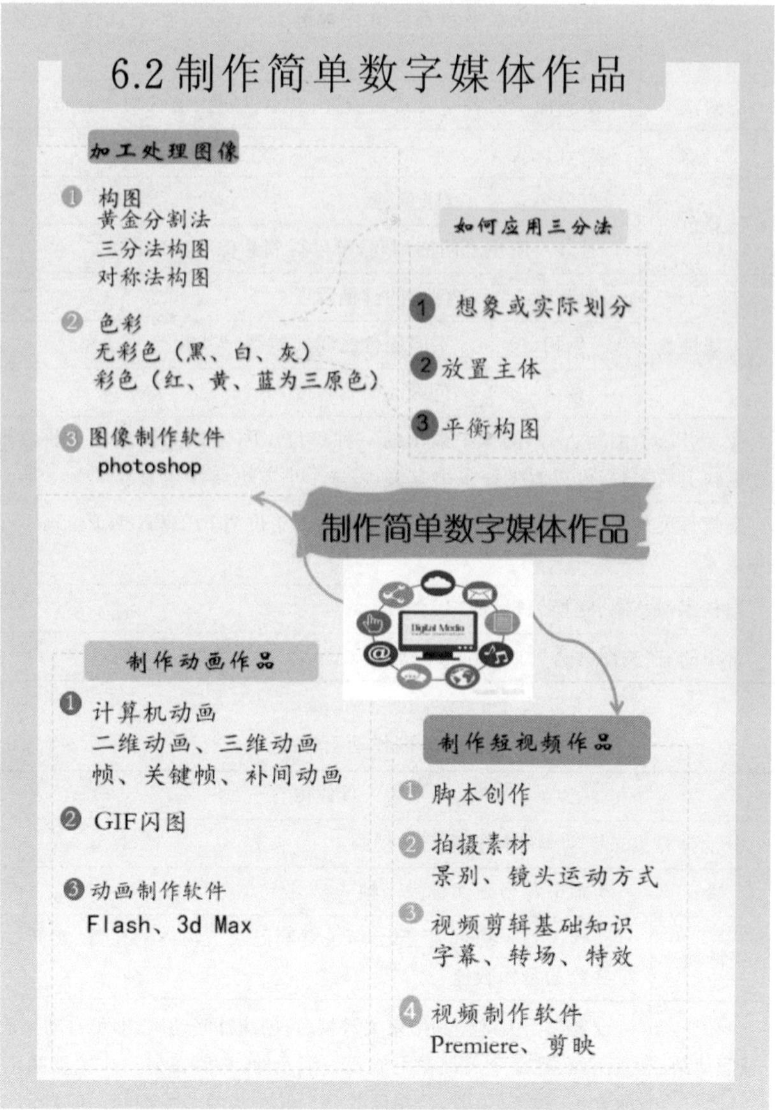

图 6.2 知识图谱——制作简单数字媒体作品

6.2.3 必备知识清单

具体见表 6.4 至表 6.6。

表 6.4　加工处理图像

<table>
<tr><th>知识点</th><th colspan="3">具体内容</th></tr>
<tr><td rowspan="4">构图</td><td colspan="3">突出主体，静、动相宜，呈现空间层次</td></tr>
<tr><td>黄金分割法</td><td colspan="2">整体被分成两部分，较大的部分与整体之比等于较小部分与较大部分之比，其比值约为 0.618。这个比例被公认为是最恰当的比例</td></tr>
<tr><td>三分法</td><td colspan="2">将画面从水平和垂直方向都分为三等分，在交点位置安排画面中的主要元素</td></tr>
<tr><td>均衡法</td><td colspan="2">使画面中的各个元素的位置、大小、颜色、形状均衡分布</td></tr>
<tr><td rowspan="6">色彩</td><td>无色彩</td><td colspan="2">黑、白、灰</td></tr>
<tr><td rowspan="2">彩色</td><td>三原色</td><td>红、黄、蓝</td></tr>
<tr><td colspan="2">通过三原色之间的调和，可以得到其他不同的颜色</td></tr>
<tr><td rowspan="3">属性</td><td>饱和度</td><td>色彩的鲜艳程度</td></tr>
<tr><td>色相</td><td>不同颜色之间的差别</td></tr>
<tr><td>亮度</td><td>色彩的明暗程度</td></tr>
<tr><td>像素</td><td colspan="3">像素(Pixel，缩写：px)，图像中最小的一种单位。图像是由很多色点拼凑形成的，将图片在电脑上放大后，可以看见许多小方块，每一个小方块点就是像素</td></tr>
<tr><td>图像分辨率</td><td colspan="3">是指每英寸图像内有多少个像素点，分辨率的单位为 PPI(Pixels Per Inch)，通常叫作像素每英寸</td></tr>
<tr><td>图像处理</td><td colspan="3">包括图像绘制、变换编辑、剪裁、合成</td></tr>
<tr><td>图像处理软件</td><td colspan="3">常用的有“美图秀秀”、Photoshop 等</td></tr>
</table>

表 6.5　制作动画作品

<table>
<tr><th>知识点</th><th colspan="2">具体内容</th></tr>
<tr><td rowspan="6">计算机动画</td><td colspan="2">分为计算机二维动画和计算机三维动画</td></tr>
<tr><td>帧</td><td>动画中每个画面称为一帧</td></tr>
<tr><td>关键帧</td><td>动画序列中的重要变化点，关键帧记录了物体的位置、旋转、缩放、颜色变化等参数的具体数值</td></tr>
<tr><td>补间动画</td><td>设置起始关键帧和结束关键帧后，创建补间动画，即可自动生成中间过渡动画。
例如：在一个关键帧上放置一个元件，然后在另一个关键帧上改变这个元件的大小、颜色、位置、透明度等，Flash 在这两个关键帧之间自动创建的动画</td></tr>
<tr><td>引导层动画</td><td>又叫路径动画，是利用引导层的绘制图形或对象定位来设置对象运动轨迹的动画。
例如：添加一个引导图层，在该图层绘制一条可以引导运动方向的引导线，使另一个图层的对象依据此引导线进行运动的动画</td></tr>
<tr><td>遮罩动画</td><td>利用遮罩层使被遮罩层中的内容形成特殊效果。
例如：遮罩层的内容是不可见的，只有透过透明区域才能看到被遮罩层的内容</td></tr>
</table>

续表6.5

知识点	具体内容
GIF 闪图	是一种特殊的计算机动画，它将多幅图像数据保存为一个图像文件，多幅图像数据逐幅读出并显示到屏幕上，形成一种简单的动画
常用动画制作软件	Flash、3ds Max

表 6.6　制作短视频作品

知识点	具体内容	
脚本创作	根据选题进行脚本创作，脚本就是整个拍摄流程，或者说是拍摄说明书，如选择在哪里拍，用什么样的镜头，全部在脚本中确定下来	
拍摄	景别	摄像机与被摄对象的距离不同，则被摄体在画面中呈现出的大小也不同。景别大致可分为远景、中景、近景和特写
	镜头的运动方式	一般包含推、拉、摇、移、升、降等形式
	镜头组接规律	要符合观众的思维方式和影视表现规律
视频剪辑	素材收集和整理	根据视频的主题和风格，搜集相关的视频、音频、图片等素材，并对这些素材进行分类整理
	剪辑	根据脚本或创意，对素材进行剪辑、拼接、调整顺序等操作，形成短视频的初步版本
	添加特效	为视频添加转场效果、滤镜、动画等特效，提升视频的视觉效果
	字幕	添加到视频中的文本信息，通常用于显示对话内容或解释性文字，以帮助观众理解视频的内容
	输出与发布	将剪辑好的视频进行输出
常用视频剪辑软件	Premiere，剪映	

6.2.4　典型例题

【例 1】色彩三原色指(　　)。

A.红、黄、蓝　　B.红、绿、蓝　　C.黑、白、灰　　D.青、品红、黄

【答案】B

【解析】本题主要考查的是学生对于色彩三原色的掌握。三原色是指红、绿、蓝这三种颜色，通常被称为 RGB。这些颜色用于电子显示设备，如电视屏幕、计算机显示器和手机屏幕。当红、绿、蓝三种颜色的光以不同的强度混合时，可以产生各种颜色，包括白色。

【例 2】构图要做到突出主体，陪体烘托主体，两者相互呼应，下列选项中，不属于常用构图法的是(　　)。

A.黄金分割法　　B.三分法　　C.均衡法　　D.和谐法

【答案】D

【解析】本题主要考查的是学生对于构图的掌握。虽然和谐确实是良好构图的一个特征，它指的是所有元素之间良好的关系与配合，但它并不是一种具体的、被普遍接受的构图技术名称。

【例 3】任务描述：打开素材文档，进行以下操作。

利用“美图秀秀”软件对图片进行处理：

① 图片裁剪：将“图片素材”中的图片按 16∶9 的比例进行裁剪。

② 对“问题图片”中的“景色 1.png”进行亮度、对比度调整。

图片的编辑

【解析】

(1) 图片裁剪的具体步骤如下：

① 打开美图秀秀：在电脑系统桌面上，点击美图秀秀软件图标以打开该软件。

② 选择图片：在美图秀秀软件窗口中，点击“打开”按钮。在弹出的“打开图片”对话框中，选中需要调整的图片，并点击“打开”。

③ 进入裁剪界面：在美图秀秀的“美化图片”窗口中，找到并点击“裁剪”功能。

④ 选择裁剪比例：在裁剪界面中，找到比例选项(通常位于右侧窗口功能区)。在比例选项中选择“16∶9 电影屏幕”。

⑤ 调整裁剪区域：图片上会出现一个可拖动的格子框，这个格子框代表裁剪后的图片区域。通过拖动格子框的四个角或中心点，调整裁剪区域以选择你需要的部分。

⑥ 应用裁剪效果：调整好裁剪区域后，点击“应用当前效果”按钮。

⑦ 保存图片：图片的尺寸被设置为 16∶9 后，点击“保存”按钮。在弹出的保存对话框中，选择保存位置和文件名，然后点击“保存”以完成操作。图 6.3 为裁剪图片的效果。图 6.4 为批量保存图片。

(2) 对“问题图片”中的“景色 1.png”进行亮度、对比度调整的具体步骤如下：

① 导入图片：点击美图秀秀左上角的“打开”按钮，在弹出的对话框中选择“景色 1.png”，然后点击“打开”。

② 进入增强界面：在美图秀秀的编辑界面中，找到并点击“图片增强”或类似的选项。在“基础编辑”栏下面，可以看到亮度、对比度、饱和度和清晰度等选项。

③ 调整亮度和对比度：拖动“亮度”右侧的滑块，向左减小亮度，向右增大亮度，直到达到满意的效果。拖动“对比度”右侧的滑块，向左减小对比度，向右增大对比度，直到满意为止。

④ 预览和保存：调整完成后，可以预览到调整后的图片效果。如果满意，点击“应用当前效果”按钮。最后，点击“保存”按钮，将调整后的图片(图 6.5)保存到指定位置。

【例 4】任务描述：利用“剪映”软件进行视频制作。

① 将处理好的图片、视频、音频导入软件，并制作成视频。

② 添加文本“欢迎来到湖州”。

③ 在素材之间添加合适的转场。

④ 根据效果自行添加贴纸、滤镜。

⑤ 导出 mp4 文件。

【解析】

(1) 将处理好的图片、视频、音频导入软件，并制作成视频

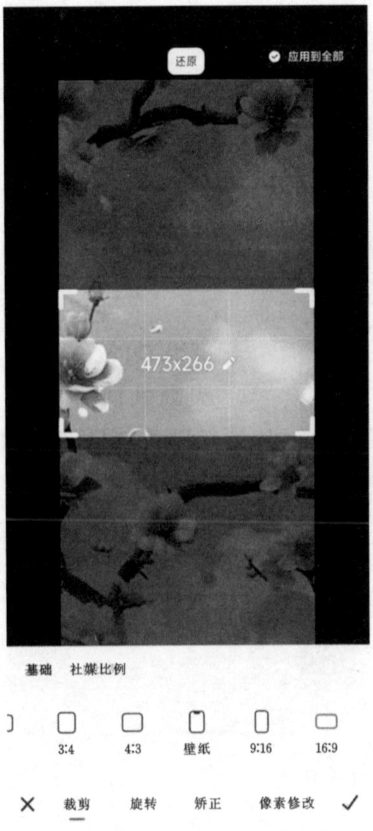

图 6.3 裁剪图片

图 6.4 批量保存图片

步骤如下：

① 导入图片

打开剪映 APP。

新建项目或打开已有项目：点击首页的“新建项目”按钮，或打开你想要添加图片的已有项目。

选择并导入图片：在新建项目或编辑界面中，点击“添加素材”选项。选择“相册”，从中找到并选中想要导入的图片。可以一次性导入多张图片，通过点击左上角的“多选”来实现。

编辑图片：图片导入后，可以在编辑界面中对图片进行大小调整，添加滤镜、文字等编辑操作。

② 导入视频

选择并导入视频：在新建项目或编辑界面中，点击右下角的“+”号或“添加素材”按钮。选择“视频”，从素材文件夹中选择导入视频。

预览和调整视频：导入视频后，可以先预览一下视频内容，确保其符合你的需求。如果需要，可以通过拖曳来调整视频的播放顺序。

剪辑和编辑视频：对视频进行剪辑，如去掉开头或结尾不需要的部分。添加特效，如滤镜、贴纸、转场等。调整视频播放速度，以创造不同的视觉效果。

图 6.5　亮度、对比度调整

③ 导入音频

点击"音乐"按钮，然后选择"导入音乐"。在素材文件夹中选择准备的音频文件。

编辑音频：导入音频后，可以在编辑界面中对音频进行剪辑、调整音量等操作。

(2) 添加文本"欢迎来到湖州"

具体步骤如下：

① 定位到添加文本的位置：在时间轴上找到想要添加文本的视频片段位置，可以通过拖动时间轴来精确定位。

② 添加文本：点击屏幕下方的"文本"或"字幕"按钮(具体位置可能因剪映版本而异，但通常位于工具栏中)。在弹出的菜单或界面中，选择"新建文本"或类似的选项。

③ 输入文本内容：在弹出的文本框中输入"欢迎来到湖州"。

调整文本样式：可以通过点击文本框周围的选项来调整文本的字体、大小、颜色、对齐方式等。

④ 调整文本位置和时长：在时间轴上，可以拖动文本片段的边界来调整其显示的时长。在预览窗口中，可以拖动文本以调整其在屏幕上的位置。

⑤ 预览和保存：完成文本添加和调整后，点击"预览"按钮来查看视频的整体效果。

(3) 在素材之间添加合适的转场

具体步骤如下：

① 定位转场位置：在时间轴上，找到想要添加转场效果的两个素材之间的位置。拖动时间轴以精确选择转场添加的点。

② 选择转场效果：点击屏幕下方的“转场”按钮（具体位置可能因剪映版本而异，但通常位于工具栏中）。在弹出的转场效果库中，浏览并选择喜欢的转场效果。剪映提供了多种转场效果，如淡入淡出、百叶窗、旋转、滑动等。

③ 添加转场：点击选中的转场效果，它通常会自动添加到两段素材之间。可以通过拖动转场效果片段的边界来调整其显示的时长。

④ 预览和调整：点击“预览”按钮，查看转场效果在视频中的表现。如果不满意，可以返回转场效果库重新选择或调整转场时长和位置。

(4) 根据效果自行添加贴纸、滤镜

具体步骤如下：

① 添加贴纸

定位贴纸位置：在时间轴上找到想要添加贴纸的视频片段位置，拖动时间轴以精确选择。

添加贴纸：在下方的工具栏中，点击“贴纸”选项。在弹出的贴纸列表中，浏览并选择喜欢的贴纸。

调整贴纸：将贴纸调整成合适的大小，并放到合适的位置。可以通过拖动贴纸边缘来调整其大小，并通过拖动贴纸本身来调整其位置。

设置贴纸持续时间：如果需要，可以调整贴纸在视频中的显示时长。拖动贴纸片段的边界来调整其时长。

预览和保存：完成贴纸添加和调整后，点击“预览”按钮来查看视频的整体效果。

② 添加滤镜

定位滤镜位置：在时间轴上找到想要添加滤镜的视频片段位置。

添加滤镜：在下方的工具栏中点击“滤镜”选项。在弹出的滤镜列表中，浏览并选择喜欢的滤镜效果。

应用滤镜：点击选中的滤镜效果，它通常会自动应用到整个视频片段上。如果只想将滤镜应用到视频片段的一部分，可以拖动滤镜片段的边界来调整其时长。

自定义滤镜（如果可用）：点击滤镜片段，然后在弹出的菜单中选择“调节”或类似的选项来自定义滤镜效果。

预览和保存：完成滤镜添加和调整后，点击“预览”按钮来查看视频的整体效果。

(5) 导出 MP4 文件

具体步骤如下：

① 点击导出按钮：在编辑界面的右上角找到并点击“导出”按钮。这个按钮通常是一个带有向上箭头的图标。

② 确认导出格式：在弹出的导出选项中，确认所选择的格式是 MP4。对于手机剪映 APP 来说，MP4 通常是最常用也是最兼容的导出格式。需要注意的是，不同版本的剪映 APP 可能在界面和选项上略有差异，但导出 MP4 格式的基本步骤是相似的。

③ 设置视频参数：可以根据需要设置视频的分辨率、导出质量等参数。通常，1080p 的分辨率已经足够用于大多数社交媒体和日常分享。如果需要更高的画质，可以选择更高的分辨率。导出质量越高，视频文件就越大。如果不介意文件大小，可以选择最高质量。

④ 选择保存位置：在导出选项中，选择想要保存视频的位置，如手机相册或其他指定的文件夹。开始导出：确认所有设置无误后，点击“导出”按钮。剪映将开始处理视频，并将其导出为 MP4 格式。查看导出的视频：导出完成后，可以在指定的保存位置找到导出的 MP4 视频文件。可以使用手机自带的视频播放器或其他第三方视频播放器来查看和播放这个视频。图 6.6 所示为作品首帧。

图 6.6　作品首帧

【例 5】任务描述：利用 Flash 软件进行动画制作，使一个形状从矩形、椭圆形到星形的动画变换（提示第 1 帧为矩形，第 20 帧为椭圆，第 40 帧为星形，创建渐变动画）。

【解析】

具体步骤：

创建一个 flash 文件，选择“矩形工具”创建一个矩形，填充颜色。在 20 帧的位置插入一个空白关键帧。插入椭圆形，填充颜色。在第 40 帧处再插入一个空白关键帧，选择“多角星工具”→“选项”→选择“星形”→填充颜色。在 1～20 帧、20～40 帧之间创建补间动画，即可插入补间形状，此时 1～20 帧慢慢从矩形变成椭圆形，20～40 帧慢慢从椭圆形变成五角星。

6.2.5　综合提升训练

6.2.5.1　选择题

(1) 色彩三原色是(　　)。

A.红、黄、蓝　　B.红、绿、蓝　　C.黑、白、灰　　D.青、品红、黄

(2) 下列选项中，不是常见图像处理软件的是(　　)。

A.CorelDRAW　　B.Photoshop　　C.AutoCAD　　D.Illustrator

(3) 下列选项中,不是动画制作软件的是(　　)。

A.Cool Edit　　B.Animate　　C.3ds Max　　D.Flash

(4) 下列文件格式中,能存储成背景透明图像形式的是(　　)。

A.JPG　　B.GIF　　C.PSD　　D.BMP

(5) 当画面刷新率达到(　　)时,人眼看到的就是连续的画面效果。

A.每秒 10 帧　　B.每秒 15 帧　　C.每秒 24 帧　　D.每秒 30 帧

(6) 构图要做到突出主体,陪体烘托主体,两者相互呼应。下列选项中,(　　)不属于常用构图法。

A.黄金分割法　　B.三分法　　C.均衡法　　D.和谐法

(7) 在色彩设计中,(　　)可产生和谐、统一的效果。

A.相似色　　B.补色　　C.无彩色　　D.有彩色

(8) 以下关于动画的说法,正确的是(　　)。

A.制作连续动作的闪图时,帧数越少,动作连贯性越好

B.动画包含了数字媒体、摄影、音乐等元素,是一种综合艺术

C.立体动画是常说的手工动画,需要手工绘制每一张画面

D.平面动画指的是计算机软件制作的动画

(9) 下列选项中,不是短视频制作软件的是(　　)。

A.Windows 操作系统自带的"照片"　　B.Adobe Audition

C.Premiere　　D.会声会影

(10) 下列选项中,和计算机中播放音频文件相关的设备是(　　)。

A.网络适配器　　B.视频卡　　C.声卡　　D.光驱

(11) 在短视频制作流程中的描述,(　　)不属于脚本中的镜头。

A.近景　　B.全景　　C.全景到特写　　D.操作过程

(12) 色彩深度是指在一个图像中(　　)的数量。

A.颜色　　B.饱和度　　C.亮度　　D.灰度

(13) 数字视频主要的获取途径包括(　　)。

①从现成的数字视频中截取　　②利用计算机软件制作视频

③用数字摄像机直接摄录　　④视频数字化

A.④　　B.①②　　C.②③　　D.①②③④

(14) 下列选项中,不属于数字视频常用的编辑软件有(　　)。

A.Vegas　　B.Flash

C.Adobe Premiere　　D.Canopus Edius

(15) 数字二维动画依靠计算机来实现动画制作,其软件中的图层替代了传统二维动画中的(　　)。

A.画笔　　B.颜料

C.透明胶片　　D.摄像机和银盐胶片

(16) (　　)是三维动画制作软件工具。

A.画图程序　　B.3ds max　　C.Photoshop　　D.WinZip

(17) 在数字音频中,采样频率越高,则(　　)。

A.声音质量越差,文件越小　B.声音质量越好,文件越大

C.声音质量越差,文件越大　D.声音质量越好,文件越小

(18) 下列选项中,不属于视频编辑软件的是(　　)。

A.Adobe Premiere　B.会声会影

C.美图秀秀　D.爱剪辑

(19) 数字媒体作品中的动画制作,其关键帧的作用是(　　)。

A.确定动画起始和结束状态　B.填充动画中间过程

C.控制动画播放速度　D.调整动画色彩

(20) 在制作数字媒体作品时,为了使图像色彩更鲜艳,可以使用(　　)操作。

A.灰度化　B.去色

C.调整色相/饱和度　D.阈值

(21) Flash 作品之所以在网上广为流传,是因为采用了(　　)技术。

A.矢量图形和流式播放　B.音乐、动画、声效、交互

C.多图层混合　D.多任务

(22) 黄金分割法中的黄金比例大约是多少?(　　)。

A.1∶1.33　B.1∶1.5　C.1∶0.618　D.1∶2

(23) 在视频制作中,帧率是指(　　)。

A.每秒钟播放的帧数　B.每帧图像的分辨率

C.视频文件的大小　D.视频播放的总时长

(24) 以下哪种音频编码格式是有损压缩?(　　)。

A.WAV　B.FLAC　C.MP3　D.AIFF

(25) 数字媒体作品的交互性主要体现在(　　)。

A.用户可以观看作品　B.用户可以改变作品内容或进程

C.用户可以复制作品　D.用户可以保存作品

(26) 制作动画时,补间动画的优点是(　　)。

A.制作复杂但效果好

B.能精确控制每一帧画面

C.制作简单,可以自动生成中间帧

D.只需要绘制起始和结束画面,不用考虑中间过程

(27) 在数字图像中,分辨率的单位通常是(　　)。

A.DPI　B.PPI　C.像素　D.厘米

(28) 以下哪个软件常用于三维数字媒体作品的建模?(　　)。

A.Maya　B.Audacity　C.Photoshop　D.Flash

(29) 数字媒体作品在网络上传播时,为了适应不同网络带宽,通常需要进行(　　)。

A.格式转换　B.色彩调整　C.音频降噪　D.视频裁剪

(30) 对视频文件进行压缩,一般是为了使(　　)。

A.图像更清晰　B.对比度更高　C.声音更动听　D.存储容量更小

6.2.5.2　填空题

(1) 构图时要尽量避免画面平均分配，使用＿＿＿＿＿构图法，能使画面和谐，更具平衡感。

(2) 在生活中，色彩会与一些食物建立关联，使人的心理产生变化。例如＿＿＿＿色代表吉祥、喜庆、热情。

(3) 黄金分割法指将整体一分为二，较大部分与整体部分的比值等于较小部分与较大部分的比值，其比值约为＿＿＿＿。

(4) 动画按照形式可以分为平面动画、＿＿＿＿和定格动画。

(5) ＿＿＿＿＿是指摄像机与被摄对象的距离不同，造成被摄体在画面中呈现出不同的大小。

(6) 数字媒体作品的常见类型包括＿＿＿＿、音频、视频、动画和虚拟现实等。

(7) 图像的基本组成单位是＿＿＿＿。

(8) 在音频处理中，声音的三个要素是音调、响度和＿＿＿＿＿＿。

(9) 视频编辑中的转场效果是用于＿＿＿＿＿＿两个镜头之间的过渡。

(10) 制作动画的软件中，＿＿＿＿＿＿之间的动画由软件自动生成的动画称为补间动画。

(11) 数字媒体作品的色彩模式中，RGB 模式是由红、＿＿＿＿＿＿、蓝三种颜色组成。

(12) SWF 格式是一种＿＿＿＿＿＿文件格式，由 Adobe Flash Player 支持，可以包含矢量图形、位图图像、音频和视频等多种媒体内容。

(13) 在美图秀秀中，使用＿＿＿＿＿＿功能可以将图片中的主体从背景中分离出来。

(14) ＿＿＿＿＿＿格式是一种位图文件格式，支持 256 种颜色，常用于制作简单的动画和网页图像。

(15) 为了提高数字媒体作品的加载速度，可以对图像进行＿＿＿＿＿＿处理。

6.2.5.3　判断题

(　　)(1) 均衡法是构图的最基本方式，可以达到突出主体的效果。

(　　)(2) 色彩分为有彩色和无彩色两种类型。

(　　)(3) 当图像分辨率大于显示分辨率，则图像只占显示屏幕的一部分。

(　　)(4) 使用“美图秀秀”软件可以将照片的白色背景处理为透明。

(　　)(5) 景别大致可分为远景、中景、近景和特写。

(　　)(6) 镜头运动方式可以不符合人们观察事物的习惯。

(　　)(7) GIF 格式保存的文件较小，所以网页中插入的图像文件常使用此格式。

(　　)(8) 经典作品《阿凡提》是二维手工动画，需要手工绘制每一张画面。

(　　)(9) Windows 操作系统自带的“照片”软件中有“滤镜”功能。

(　　)(10) GIF 闪图可以表现丰富的内容，若中间图像足够多，就可以表现为流畅的动画效果。

(　　)(11) 数字媒体作品一定是可视化的。

(　　)(12) JPEG 图像格式是无损压缩格式。

(　　)(13) 采样频率越高，数字音频文件就一定越好。

(　　)(14) 所有视频编辑软件都可以添加特效。

(　　)(15) 动画制作中,逐帧动画需要绘制每一帧画面。

(　　)(16) 数字媒体作品中的虚拟现实只能通过头戴式设备体验。

(　　)(17) 调整图像的对比度可以使图像的亮部更亮,暗部更暗。

(　　)(18) 音频的量化位数越高,声音质量越好。

(　　)(19) 数字媒体作品的版权问题只需要作者自己注意。

(　　)(20) 在视频制作中,分辨率越高越好。

6.2.5.4　综合实践

(1) 任务一

任务描述:

使用图像编辑软件(如 Photoshop),将给定的三张不同主题的图像合成一张具有创意的新图像。要求:新图像主题明确,色彩协调,保存为 PNG 格式,并写出简要的制作步骤(包括使用的工具和操作)。

(2) 任务二

任务描述:

利用视频编辑软件(如 Adobe Premiere),将给定的两段视频素材剪辑成一个完整的短视频。要求:添加合适的转场效果和音乐,时长不超过 1 分钟,保存为 MP4 格式,并阐述剪辑思路和使用的主要功能。

(3) 任务三

任务描述:

利用美图秀秀软件,将素材中的 12 张动作分解图片,制作"给大家伙逗乐了闪图.gif"闪图。

分解图

(4) 任务四

任务描述:

制作 Flash 动画:导入"风景"背景图片,编辑"太美丽了,理塘",设置字体为五号,加粗,枚红色,设置字体动画从左向右运动。

(5) 任务五

任务描述:

利用"美图秀秀"将个人证件照的底版颜色由蓝色修改成红色。

(6) 任务六

任务描述:

利用 Flash,制作形状渐变动画,将文字由"1"变成"2"。

6.2.6 学习手札

6.3 设计演示文稿作品

演示文稿是常见的一类数字媒体作品,也就是我们常说的幻灯片,它的主要功能是把静态的事件制作成动态的事件,把复杂的问题变得更加直观和通俗易懂,能给人留下更加生动和深刻的印象,广泛运用于工作总结、会议报告、培训教学、宣传推广等场所。对于我们来说,演示文稿也是同学们分享学习心得、生活感悟和学校生活的工具。

6.3.1　目标导航

（1）了解演示文稿的设计思路；
（2）了解演示文稿的一般制作要求；
（3）会使用演示文稿制作数字媒体作品。

6.3.2　知识图谱

具体如图 6.7 所示。

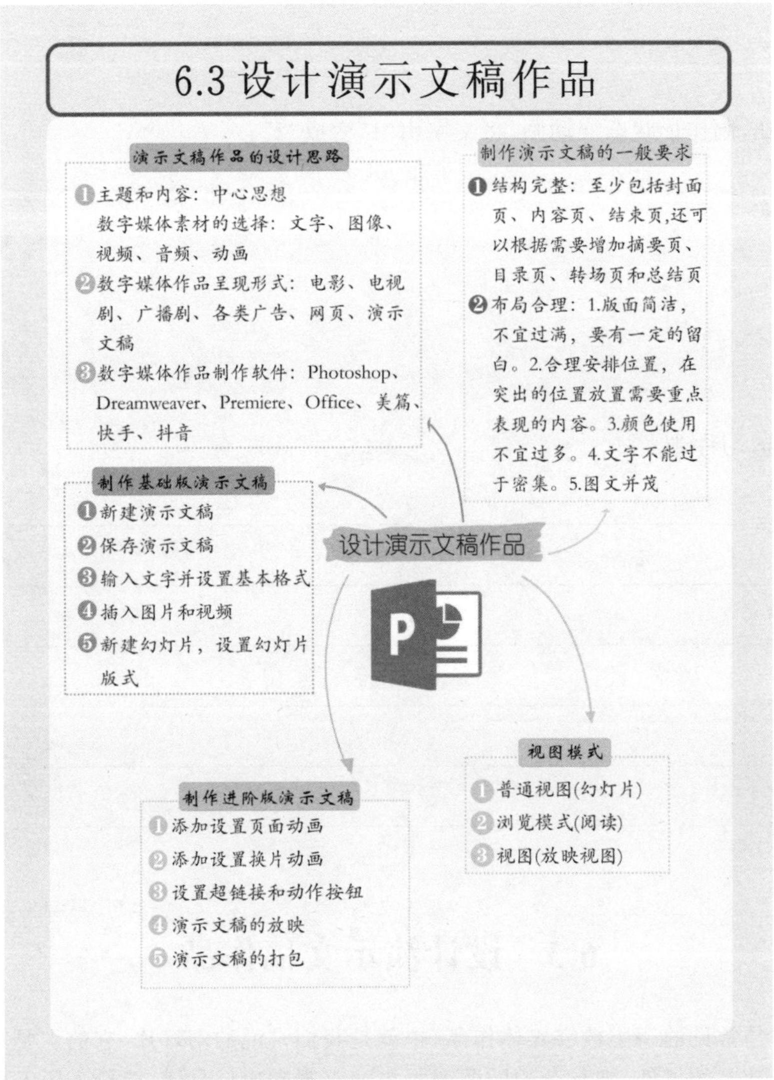

图 6.7　知识图谱——设计演示文稿作品

6.3.3　必备知识清单

具体见表 6.7 至表 6.9。

表 6.7 构思演示文稿作品

知识点	具体内容
设计思路	主题内容：确定演示文稿作品的主题，围绕中心思想构思内容
	文字：直接准确地传递消息
	图像：直观形象，反映客观现实，美化界面
	音频：能渲染气氛，增加作品的感染力
	视频：能展现过程和环节，让精彩片段原景重现
	动画：生动有趣，能够增强趣味性
设计要求	结构完整：演示文稿需包含封面页、内容页、结束页，也可增加目录页、摘要页、转场页和总结页
	布局合理：版面简洁，位置合理，突出重点
	色彩搭配合理：颜色简洁，搭配合理

表 6.8 制作基础演示文稿

知识点	具体内容	
视图模式	幻灯片普通视图、浏览视图、阅读视图、备注页	
模板和主题	模板是已经做好了页面的排版布局设计，只需在相应的位置输入文字，更改里面的图片，即可完成演示文稿的制作。点击“设计”菜单，选择内置的主题模板，即可应用	
占位符	占位符是先占住一个固定的位置，再往里面添加内容的符号。表现为一个虚框，虚框内部往往有“单击此处添加标题”之类的提示语。可以用于插入文本、图片、表格、图表、SmartArt、媒体等对象	
字体	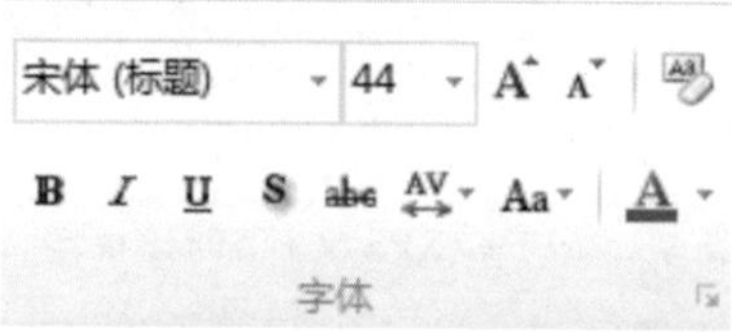	字体：楷体、宋体、黑体、微软雅黑等； 字号：字体大小； 字体样式：常规、加粗、倾斜、下画线、字体颜色、阴影等
图片视频	幻灯片可以插入图片、音频、视频等	
幻灯片版式	幻灯片版式是幻灯片默认的布局，常见幻灯片版式：标题幻灯片、标题和内容、节标题、两栏内容、比较、仅标题、空白、内容与标题、图片与标题等	
幻灯片的新建和保存	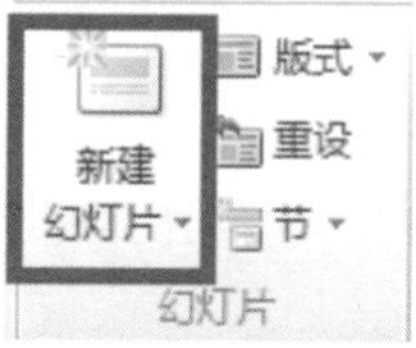 新建幻灯片，可以选择预设的版式或者直接插入空白幻灯片。 快捷键：Ctrl+M	保存演示文稿。 快捷键：Ctrl+S 

表 6.9 制作进阶版演示文稿

知识点	具体内容
页面动画	页面动画是幻灯片播放中,页面上出现的各种动画效果。可以为页面中的对象(文字、图片、视频等)添加“进入”“强调”“退出”“动作路径”等动画效果。 进入——对象出现时的动画效果。 强调——更改已出现对象的动画效果,如缩小放大振动或改变颜色。 退出——对象从幻灯片上消失时的动画效果。 动作路径——对象按照预设路径移动
换片动画	换片动画是从 A 幻灯片到 B 幻灯片中间出现的切换过渡动画
动作按钮	动作按钮是 PPT 中的一种特殊形状,用户可以通过点击这些按钮来执行预定义的操作。当需要幻灯片在播放时实现跳转时,可以插入动作按钮实现。包括“前进”或“下一项”、“后退”或“前一项”、“结束” 
超链接	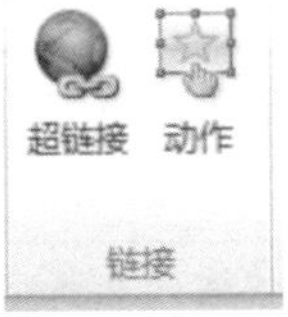 幻灯片超链接是指在幻灯片中插入的链接,允许用户从一个幻灯片跳转到另一个幻灯片、网页、文件或其他程序。超链接的对象可以是文本、图片、形状等
演示文稿的放映	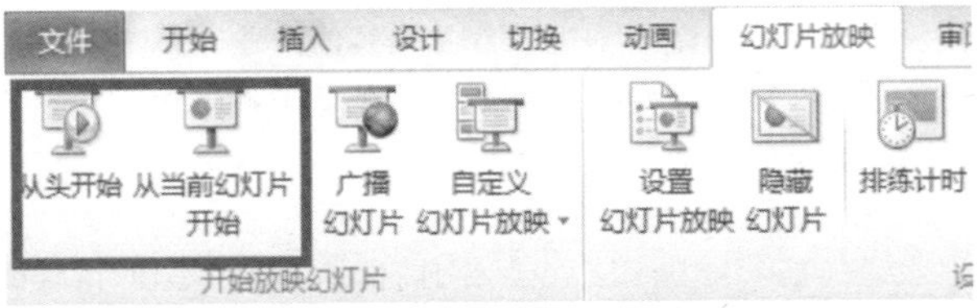 ①“从头开始”放映(F5);②“从当前幻灯片开始”放映(Shift+F5);③点击幻灯片右下角幻灯片放映按钮
演示文稿的打包	演示文稿可以导出转化为其他文件类型,如 PDF/XPS 文档、创建视频,或者打包成 CD、创建讲义等

6.3.4 典型例题

【例 1】在 PowerPoint 2010 中,若想同时查看多张幻灯片,应选择(　　)视图。

A.备注页　　B.大纲　　C.幻灯片　　D.幻灯片浏览

【答案】D

【解析】本题考查对演示文稿视图模式的理解。备注页、大纲、幻灯片都属于普通视图的窗格,不是视图,而幻灯片浏览视图能查看所有幻灯片,所以选 D。

【例 2】PowerPoint 演示文稿存储以后,默认的文件扩展名是(　　)。

A.PPTX　　B.EXE　　C.BAT　　D.BMP

【答案】A

【解析】PowerPoint 2007 及以上版本演示文稿存储以后，默认的文件扩展名是.PPTX。

【例 3】幻灯片的“超链接”命令可以(　　)。

A.实现幻灯片之间的跳转　　B.实现演示文稿幻灯片的移动

C.中断幻灯片的放映　　D.在演示文稿中插入幻灯片

【答案】A

【解析】幻灯片的“超链接”命令可以实现幻灯片之间的跳转。

【例 4】任务描述：青年兴则国家兴，青年强则国家强，青年是国家的栋梁，肩负着振兴中华的重任！为迎接即将到来的中国青年节，张老师想开展一个关于中国青年节的主题班会，培养学生的责任感和价值观，担负起时代给予每个人的使命。现在，请你根据下面的要求动手帮张老师制作一个“培养新时代青年”的演示文稿。

制作要求如下：

(1) 新建 8 张幻灯片，设置幻灯片的主题，选择有中国红的主题形式。

(2) 第一张幻灯片为标题幻灯片，标题为“培养新时代优秀青年”，字号为 72，副标题为“塑造未来社会的中坚力量”，字号为 20。

(3) 第二张幻灯片版式为“目录”。添加四个目录文字：“青年思想政治教育的重要性”“青年思想政治教育的主要内容”“青年思想政治教育的实施途径与方法”“青年思想政治教育面临的挑战与对策”。

(4) 第三至六张幻灯片版式为“标题和内容”，标题为“青年思想政治教育的重要性”“青年思想政治教育的主要内容”“青年思想政治教育的实施途径与方法”“青年思想政治教育面临的挑战与对策”。在文本区域添加文字素材中的文字，适当调整字体大小和行距，并插入相应图片。

(5) 第七张幻灯片版式为空白，插入四张图片，图片素材在“新青年”文件夹中。调整位置大小，设置向下偏移的外部阴影效果，图片边框为白色，6 磅。为四张图片添加“展开”动画，设置为“上一动画之间”。

(6) 第七张幻灯片版式为空白，并插入艺术字“谢谢”。

(7) 给第二张幻灯片的四个标题设置超链接，链接到相应的幻灯片。

(8) 将第三张幻灯片中图片添加动画效果“飞人”，第四张幻灯片中图片添加动画效果“百叶窗”，持续时间为 0.75s。

【解析】

操作过程：

(1) 点击“开始”选项卡中的“新建幻灯片”，新建 8 张空白幻灯片。在“设计”选项卡中选择合适的主题。

(2) 在第一张幻灯片中，点击“开始”选项卡中的“版式”，版式为标题幻灯片。在标题输入文字“培养新时代青年”，修改字体大小为 72，输入副标题文字“塑造未来社会的中坚力量”，修改字体大小为 20。

(3) 在第二张幻灯片中，点击“开始”选项卡中的“版式”，版式为目录幻灯片，在目录中添加文字。

(4) 在第三张幻灯片到第六张幻灯片中，点击“开始”选项卡中的“版式”，版式为标题和内容，在标题中依次输入文字“青年思想政治教育的重要性”“青年思想政治教育的主要内容”“青年思想政治教育的实施途径与方法”“青年思想政治教育面临的挑战与对策”，并在内容部分输入相应的内容和图片。

在第五张幻灯片的内容部分点击“插入”选项卡中的“形状”，选择圆角矩形，并设置其边框，再输入相应的文字内容。

在第六张幻灯片的内容部分点击“插入”选项卡中的“形状”，选择椭圆，并设置其边框，再输入相应的文字内容。

（5）在第七张幻灯片中点击“开始”选项卡中的“版式”，版式为空白幻灯片，点击“插入”选项卡中的“图片”，把“新青年”文件中的四张图片都插入其中。调整图片位置大小。选中四张图片，点击“图片工具”选项卡中的“效果”，设置阴影为外部向下偏移，并设置参数。选中四张图片，点击“动画”选项卡，设置图片动画效果为“展开”，选择“上一动画之后”。

新青年

（6）在第八张幻灯片中点击“开始”选项卡中的“版式”，版式为空白幻灯片，点击“插入”选项卡中的艺术字“谢谢”，并设置合适的参数。

（7）依次选中第二张幻灯片的每个标题，点击“插入”选项卡中的超链接，选择“文本档中的位置”，设置超链接到对应的幻灯片。

（8）选中第三张幻灯片的图片，点击“动画”选项卡，选择“飞入”动画，设置持续时间为0.75s；选中第四张幻灯片的图片，点击“动画”选项卡，选择“百叶窗”动画，设置持续时间为0.75s。完成效果如图6.8所示。

1

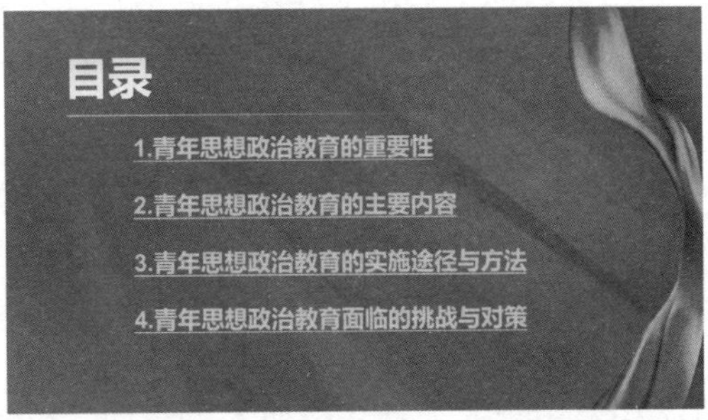

2

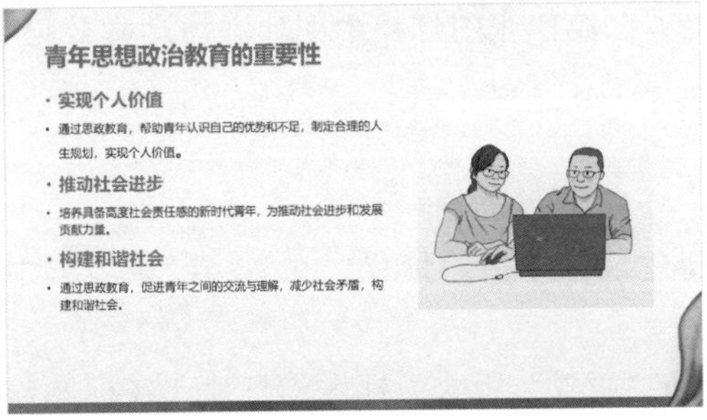

3

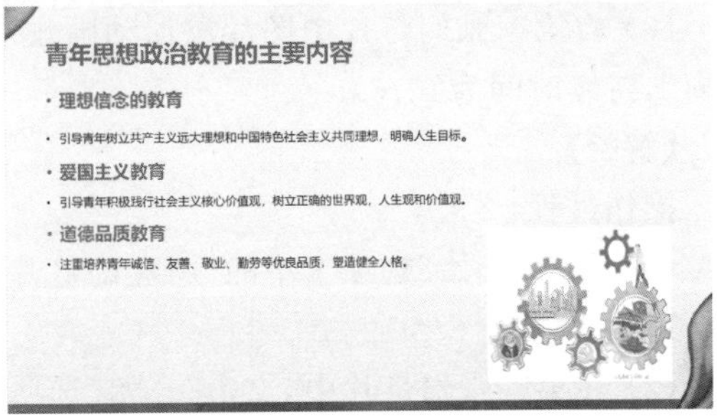

4

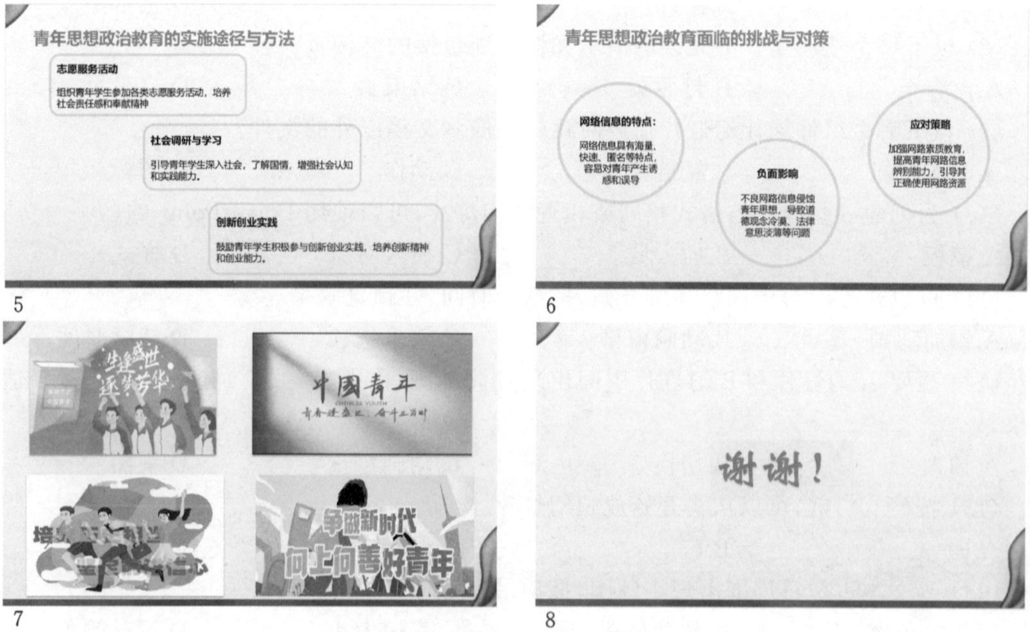

图 6.8 培养新时代演示文稿样例图

6.3.5 综合提升训练

6.3.5.1 单选题

(1) PowerPoint 2010 的运行环境是(　　)。

A.DOS　　B.Windows　　C.UCDOs　　D.高级语言

(2) 在 PowerPoint 2010 中，若想设置幻灯片中对象的动画效果，应选择(　　)。

A.普通幻灯片视图　　B.幻灯片浏览视图

C.幻灯片放映视图　　D.以上均可

(3) 在 PowerPoint 2010 的(　　)下，可用鼠标拖动的方法改变幻灯片的顺序。

A.备注页视图　　B.幻灯片视图

C.幻灯片放映视图　　D.幻灯片浏览视图

(4) 在演示文稿中新增一张幻灯片的方法是(　　)。

A.选择“开始”选项卡中的“新建幻灯片”命令

B.选择“文件”选项卡中的“新建幻灯片”命令

C.选择“设计”选项卡中的“新建幻灯片”命令

D.选择“插入”选项卡中的“新建幻灯片”命令

(5) 在编辑幻灯片内容时，首先应(　　)。

A.选择编辑对象　　B.选择“幻灯片浏览视图”

C.选择工具栏按钮　　D.选择“开始”选项卡

(6) 当幻灯片中插入了声音后，幻灯片中将出现(　　)。

A.喇叭标记　　B.链接按钮　　C.文字说明　　D.链接说明

(7) 在“空白幻灯片”中不可以直接插入(　　)对象。

A.文本框　B.图片　C.文本　D.艺术字

(8) 以下哪个选项是一个完整的演示文稿无须包括的结构页?(　　)。

A.内容页　B.封面页　C.结束页　D.目录页

(9) 以下哪个组件能让幻灯片播放时跳转到演示文稿以外的文件?(　　)。

A.动作按钮　B.超链接　C.动作　D.图标

(10) 为创建一些内容与格式相同或相近的幻灯片,可以使用 PowerPoint 的(　　)功能。

A.模板　B.插入域　C.插入对象　D.样式

(11) 可以在(　　)中调整动画开始、持续的时间,并预览效果。

A.添加动画　B.动画窗格　C.效果选项　D.持续时间

(12) 想要 A 幻灯片和 B 幻灯片中间出现过渡动画,需要在(　　)选项卡中选择合适的效果。

A.插入　B.切换　C.动画　D.视图

(13) 按(　　)键,可以从头开始放映幻灯片。

A.F1　B.F5　C.Shift+F1　D.Shift+F5

(14) 当文本占位符周围出现小圆圈,拖动鼠标不可实现(　　)。

A.旋转角度　B.移动位置　C.变换大小　D.调整颜色

(15) 演示文稿打包文件不能进行(　　)。

A.复制　B.剪切　C.修改　D.移动

(16) PowerPoint 演示文稿存储以后,默认的文件扩展名是(　　)。

A.PPTX　B.EXE　C.BAT　D.BMP

(17) 分享学习心得、生活感悟和校园生活等,可以使用(　　)。

A.演示文稿软件　B.Photoshop 软件

C.电子表格软件　D.文字处理软件

(18) 幻灯片上可以插入(　　)等多媒体信息。

A.音乐和图片　B.声音和影片

C.声音和动画　D.剪贴画、图片、声音和影片

(19) 演示文稿中,可以在(　　)调整动画开始、持续时间,并预览效果。

A.动画窗格　B.效果选项　C.动画刷　D.预览

(20) 幻灯片的“超链接”命令可以(　　)。

A.实现幻灯片之间的跳转　B.实现演示文稿幻灯片的移动

C.中断幻灯片的放映　D.在演示文稿中插入幻灯片

(21) 如果要将演示文稿在没有安装演示文稿软件的计算机上放映,那么应该对演示文稿进行(　　)。

A.复制　B.打包　C.移动　D.打印

(22) 想要实现在幻灯片放映时跳转到演示文稿以外的文件,可以创建(　　)。

A.文件　B.超链接　C.形状　D.图表

(23) “*.PPTX”文件是(　　)文件类型。

A.演示文稿　B.模板文件　C.其他版本文稿　D.可执行文件

(24) 在(　　)视图模式下,可对幻灯片进行插入、编辑对象的操作。

A.普通　B.阅读　C.幻灯片浏览　D.备注页

(25) 在(　　)视图方式下,能实现在一屏中显示多张幻灯片。

A.普通　B.阅读　C.幻灯片浏览　D.备注页

(26) 在普通视图中,选择窗格中的(　　),可以编辑单张幻灯片内容。

A.大纲　B.阅读　C.幻灯片浏览　D.备注页

(27) 在 PowerPoint 中,想要美化内容页中的图片和文字,可以在(　　)选项卡中进行。

A.插入　B.开始　C.视图　D.格式

(28) 通过(　　)功能可以实现幻灯片自动播放。

A.从当前幻灯片开始　B.联机演示

C.设置幻灯片放映　D.排练计时

(29) 幻灯片放映过程中,点击鼠标右键选择"指针选项"中的"绘图笔"命令,在讲解过程中可以进行写画,其结果是(　　)。

A.对幻灯片进行了修改

B.对幻灯片没有进行修改

C.写画的内容留在了幻灯片上,下次放映时还会显示出来

D.写画的内容可以保存起来,以便下次放映时显示出来

(30) 想要在幻灯片中插入视频,可以在(　　)选项卡中找到。

A.开始　B.插入　C.动画　D.幻灯片放映

6.3.5.2　填空题

(1) 演示文稿是由若干张________________组成,每张幻灯片都由一些对象组成,对象包括标题文字、图像、表格、视频、音频等。

(2) 演示文稿有________________、幻灯片浏览视图、阅读视图和幻灯片放映等多种视图模式。

(3) 幻灯片在放映时实现跳转,或是链接到演示文稿以外的文件,可以在幻灯片中为文本或其他对象创建________________。

(4) ____________是幻灯片播放的快捷键。

(5) ____________是演示文稿软件自带的一种设置规范的标准化模板。

(6) 在制作演示文稿时,选择合适的____________素材可以有效美化界面,使演示文稿的主题更加形象与生动。

(7) 演示文稿中的____________素材可以有效地传递声音信息,增强幻灯片的用户体验和观感。

(8) 在 PowerPoint 中,通过____________可以快速添加动画效果,使演示内容更加生动有趣。

(9) 在 PowerPoint 中,为了增强演示文稿的专业性和吸引力,可以使用____________来统一幻灯片的风格和色调。

(10) 在 PowerPoint 中,为了将演示文稿保存为其他格式(如 PDF、Word 等),可以使用____________。

(11) 演示文稿____________选项卡中,可以添加在页面上出现的各种对象的动画效果。

(12) 在幻灯片中,____________的作用是预留位置。

(13) 为了使演示文稿具有统一的风格,可应用__________。

(14) 在 PowerPoint 中,自定义动画分为进入动画、__________和退出动画。

(15) 幻灯片的布局包括标题幻灯片、标题和内容、两栏内容、__________等多种形式。

(16) 在演示文稿中,插入的音频文件可以设置为__________播放或跨幻灯片播放。

(17) 演示文稿的模板通常包含了__________、字体和布局等元素。

(18) 若要对幻灯片中的多个元素进行组合操作,应先选中这些元素,然后使用__________命令。

(19) 在幻灯片中,艺术字的主要作用是__________。

(20) 幻灯片的放映方式中从当前幻灯片开始放映的快捷键是__________。

6.3.5.3 判断题

(　　)(1) 背景用于设置每张幻灯片的预设内容和格式。

(　　)(2) 通过更改幻灯片的颜色、阴影、图案或者纹理,可以改变幻灯片的放映方式。

(　　)(3) 演示文稿的扩展名为.pptx。

(　　)(4) 使用“设计”选项卡中的“背景样式”可以改变幻灯片的背景。

(　　)(5) 控制幻灯片放映的方式是浏览。

(　　)(6) 若要在幻灯片浏览视图中选择多个幻灯片,应先按住 Shift 键。

(　　)(7) 删除幻灯片可以先选定要删除的幻灯片再按 Delete 键。

(　　)(8) 做完一张幻灯片后要做第二张,应在“开始”选项卡中选择“新建幻灯片”命令。

(　　)(9) 在幻灯片浏览视图中可以对幻灯片进行移动、删除、复制,但不能对单独的幻灯片内容进行编辑。

(　　)(10) PowerPoint 2010 的主要功能是图片处理。

(　　)(11) 在 PowerPoint 演示文稿中,通过“相册”功能插入的多张图片的位置是不能调整的。

(　　)(12) 可以在幻灯片中插入声音和视频。

(　　)(13) 演示文稿中不能把两张图片组合在一起。

(　　)(14) 使用模板时,只需在相应的位置输入文字,更改里面的照片,即可完成演示文稿的制作。

(　　)(15) 在演示文稿中放映幻灯片时,按 Esc 键可以结束幻灯片放映。

(　　)(16) 允许在演示文稿中添加超链接,但只能实现本文件中各幻灯片之间的链接。

(　　)(17) 在演示文稿中,选中需要删除的动画,按 Backspace 键即可删除动画。

(　　)(18) 在演示文稿中,如果插入的视频过长,我们不可以对其进行裁剪。

(　　)(19) 单击“动画窗格”按钮,即可打开动画窗格,看到这一张幻灯片的所有动画,可以调整动画开始、持续时间,并预览效果。

(　　)(20) 制作完成的演示文稿不可以导出其他类型文件格式。

6.3.5.4 综合实践

(1) 任务一

任务描述:

创建“唐诗欣赏演示文稿”

① 创建一个空白演示文稿,以“唐诗欣赏”为文件名保存演示文稿。

② 创建第一张幻灯片，内容版式为“空白”；插入艺术字“唐诗欣赏”，字体为隶书，字号为96号。

③ 创建第二张幻灯片，内容版式为标题和内容。标题部分为“将进酒”，字体为华文彩云，字号为44号，颜色为黄色，加粗，加阴影，每个字符中间有一个空格。内容部分为“君不见，黄河之水天上来，奔流到海不复回。君不见，高堂明镜悲白发，朝如青丝暮成雪。人生得意须尽欢，莫使金樽空对月。天生我材必有用，千金散尽还复来。”其中字体为宋体，字号为32号，颜色为白色，加粗，阴影。

④ 插入图片“唐诗欣赏.jpg”，并置于底层，作为背景，图片大小与演示文稿相同。

(2) 任务二

任务描述：

打开“素材”文件类中“我的家乡PPT”，完善《我的家乡》演示文稿作品。

素材文件

① 制作封面页。

a. 添加标题幻灯片，为第1页。

b. 插入文本：“我的家乡”“MY HOMETOWN”。

c. 插入图片“封面-西安.jpg”，并将其裁剪成椭圆。

② 制作目录页。

a. 添加目录幻灯片，为第2页。

b. 添加4个目录文字：“家乡介绍”“学富五车”“风景秀丽”“厨艺超群”。

c. 为4个目录添加超链接，分别链接到相对应的内容页。

③ 制作“家乡介绍”页。

a. 利用“格式工厂”软件将“西安视频.flv”转换成WMV格式。

b. 插入“西安视频.wmv”。

c. 插入文本“我的家乡-文字素材.txt”中的文字，并适当调整字体大小和行距。

④ 制作“学富五车”页。

a. 插入4张图片，图片素材在“学富五车”文件夹中。

b. 调整位置大小，设置向下偏移的外部阴影效果，图片边框为白色，6磅。

⑤ 制作“风景秀丽”页。

为4张图片添加“展开”动画，设置“上一动画之后”。

⑥ 制作“厨艺超群”页。

a. 为每一张图片添加“跷跷板”动画，设置为“与上一动画同时”，并重复3次。

b. 在右下角插入“直角上箭头”，并适当调整其角度。

c. 为其添加超链接，链接到目录页。

(3) 任务三

任务描述:

① 新建一份演示文稿,并以“北京主要旅游景点介绍.pptx”为文件名保存到考生文件夹下。

② 第一张标题幻灯片中的标题设置为“北京主要旅游景点介绍”,副标题为“历史与现代的完美融合”。

③ 在第一张幻灯片中插入歌曲“北京欢迎你.mp3”,设置为自动播放,并设置声音图标在放映时隐藏。

④ 第二张幻灯片的版式为“标题和内容”,标题为“北京主要景点”,在文本区域中以项目符号列表方式依次添加下列内容:天安门、故宫博物院、八达岭长城、颐和园、鸟巢。

⑤ 自第三张幻灯片开始,按照天安门、故宫博物院、八达岭长城、颐和园、鸟巢的顺序依次介绍北京各主要景点,相应的文字素材“北京主要景点介绍-文字.docx”以及图片文件均存放于考生文件夹下,要求每个景点介绍占用一张幻灯片。

⑥ 最后一张幻灯片的版式设置为“空白”,并插入艺术字“谢谢”。

⑦ 将第二张幻灯片列表中的内容分别超链接到后面对应的幻灯片,并添加返回到第二张幻灯片的动作按钮。

6.3.6 学习手札

____

____

____

____

____

____

6.4 初识虚拟现实与增强现实

随着科技的飞速发展,虚拟现实(Virtual Reality,简称 VR)和增强现实(Augmented Reality,简称 AR)技术已经逐渐渗透到我们的日常生活中。从游戏娱乐到教育、医疗、工业设计等多个领域，VR 和 AR 技术正以其独特的魅力和强大的功能，改变着我们的生活方式和工作方式。

6.4.1 目标导航

(1) 了解虚拟现实和增强现实的基本概念、特征和技术实现方式；
(2) 了解虚拟现实和增强现实的应用场景，通过具体案例体验不同领域的应用；
(3) 了解虚拟现实和增强现实技术未来的发展趋势，以及其对社会和经济的潜在影响；
(4) 会使用工具体验虚拟现实和增强现实。

6.4.2 知识图谱

具体如图 6.9 所示。

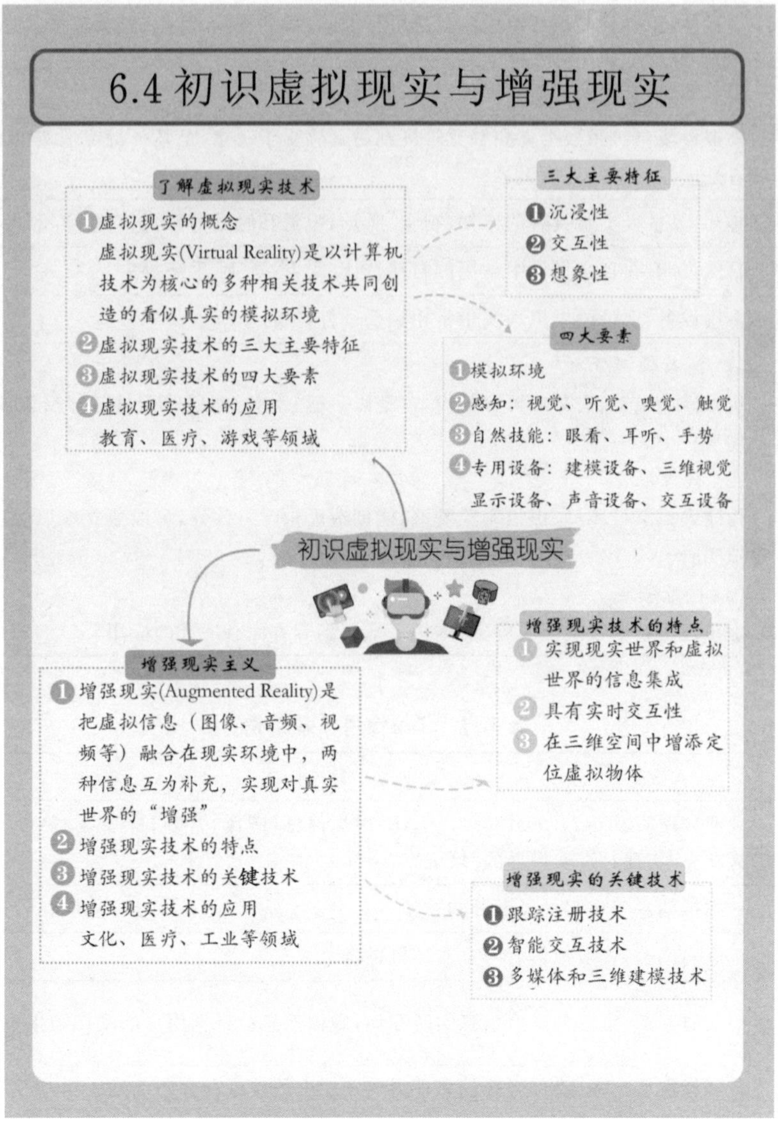

图 6.9 知识图谱——初识虚拟现实与增强现实

6.4.3 必备知识清单

具体见表 6.10 至表 6.12。

表 6.10 了解虚拟现实

知识点	具体内容
虚拟现实	虚拟现实(Virtual Reality,VR)是以计算机技术为核心的多种相关技术共同创造的看似真实的模拟环境
虚拟现实技术	人类和计算机之间进行复杂数据交互的技术,它创造一种人工仿真环境,向用户提供视觉、听觉、触觉、味觉和嗅觉等感知功能
虚拟现实的特征	沉浸性:在虚拟环境中感到仿佛置身于真实世界的感觉
	交互性:用户与虚拟环境中的对象进行互动,得到视觉、听觉、触觉等多感官的反馈
	想象性:根据不同的需求构建出各种各样的虚拟环境
虚拟现实的要素	模拟环境:集视觉、听觉和触觉等高度仿真感受于一体,是某一特定现实世界环境的模拟,或者是虚拟构想的环境世界
	感知:具备人类所具有的感知(视觉、听觉、嗅觉和触觉等)的仿真信息反馈
	自然技能:在真实世界中常用的自然技能(眼看、耳听、手势等)
	专用设备:现阶段虚拟现实中常用到的硬件设备
虚拟现实技术的应用	(1) 游戏领域 玩家借助眼镜、头盔等可穿戴设备,辅以手柄、手套、地毯等配件进行交互游戏,沉浸在游戏场景之中。 (2) 教育领域 构建虚拟学习环境、虚拟实验基地,能创造虚拟学习伙伴,可以建立虚拟仿真校园,还能做虚拟实验。 (3) 医疗领域 虚拟现实技术在虚拟实验室、虚拟手术解剖等方面有广泛的应用

表 6.11 了解增强现实技术

知识点	具体内容
增强现实	增强现实(Augmented Reality,AR)虚拟信息(图像、音频、视频等)融合于现实环境,互为补充,实现对真实世界的"增强"
增强现实技术	虚拟信息与真实世界融合的技术
增强现实技术特点	虚实结合:将虚拟信息与真实环境融合
	实时互动:可以与虚拟信息实时互动,虚拟信息会根据用户的动作和指令做出相应反应
	三维注册技术:确保虚拟信息在真实环境中的位置和方向准确无误,使用户感受到虚实空间的时空一致性

续表6.11

知识点	具体内容	
增强现实关键技术	跟踪注册技术	确定虚拟物体在真实环境中的位置和方向，确保虚实融合的准确性
	多媒体和三维建模技术	创建逼真的虚拟环境和物体，增强用户的感知体验
	智能交互技术	实现用户与虚拟信息的自然互动、实时互动
增强现实技术的应用	(1) 文化领域 重现历史遗迹，博物馆展览，采用虚实结合的方式，将被动式的参观方式转变为互动式的多感官参观方式，使得遗迹展览更加直观、形象。 (2) 教育领域 可以提供更加直观和互动的学习体验，帮助学生更好地理解复杂的概念。 (3) 工业领域 可以用于设备维护、生产线监控等，提高工作效率。 (4) 娱乐领域 可以创造独特的游戏体验和虚拟现实交互	

表 6.12　虚拟/增强现实的对比

名称	区别	联系
虚拟现实（VR）	完全虚拟的环境，完全沉浸在虚拟世界中，与现实世界隔离	都基于计算机图形学、传感器技术、人机交互技术等。 在应用领域（如教育、医疗）中，VR 和 AR 可以相互补充，共同提升用户体验
增强现实（AR）	在现实世界的基础上叠加虚拟信息，仍然可以看到和感受到现实世界	

6.4.4　典型例题

【例 1】下面选项中不是虚拟现实的特征的是（　　）。

A.沉浸性　　B.体验性　　C.交互性　　D.想象性

【答案】B

【解析】虚拟现实的三个主要特征是沉浸性（用户感觉自己置身于虚拟环境中）、交互性（用户可以与虚拟环境互动）和想象性（提供独特的用户想象）。体验性虽然重要，但不是虚拟现实的主要特征。

【例 2】医生可以利用（　　）进行手术模拟训练，可任意观察实验现场并进行多次重复操作。

A.虚拟现实技术　　B.增强现实技术

C.大数据处理技术　　D.影视编辑技术

【答案】A

【解析】虚拟现实技术可以创建高度逼真的模拟环境，这对于手术训练来说是非常有价值的，因为它可以提供一个安全的环境来进行练习，同时还可以无限次地重复操作。

【例 3】任务：线上参观三峡工程

【解析】用浏览器打开央视网，单击菜单栏中“VRAR”栏目，选择“VR 看三峡”，通过鼠标拖动在线观看逼真的三峡工程。图 6.10 为三峡工程虚拟仿真图。

图 6.10　三峡工程虚拟仿真图

【例 4】任务：线上利用 AR 尺子 APP 进行测量

【解析】下载并安装 AR 尺子 APP，根据待测物品的大小，选择测量单位，这里选择“cm”，将待测物品放入测量区，选择测量的起点和终点，即可完成测量。

6.4.5　综合提升训练

6.4.5.1　单选题

(1) 以下不是虚拟现实技术应用的是(　　)。

A.玩家佩戴 VR 特定眼镜和手套进行交互游戏

B.学生在模拟体验馆做虚拟实验

C.游客参观展览时给兵马俑添加虚拟武器

D.医生在虚拟手术室进行手术模拟训练

(2) AR 是指(　　)。

A.虚拟现实技术　　B.增强现实技术

C.混合技术　　D.模拟混合技术

(3) 有一种滑雪模拟器，使用者穿上滑雪装备、戴上头盔显示器、手脚带上传感器，只要做出滑雪动作，便可通过头盔显示器看到皑皑白雪的高山、峙谷、悬崖峭壁一一从身边掠过，其情景就和在滑雪场进行真的滑雪一样，它所应用的技术是(　　)。

A.虚拟现实　　B.人机博弈　　C.专家系统　　D.增强现实

(4) 将真实世界与虚拟物体叠加在同一个画面，具有虚实结合和实时交互特点的是(　　)。

A.窗口中的 VR　　B.沉浸虚拟现实系统

C.分布式虚拟现实系统　　D.增强现实系统

(5) 下面选项中不是虚拟现实的特征的是(　　)。

A.沉浸性　　B.体验性　　C.交互性　　D.想象性

(6) 三维捕捉设备属于(　　)设备。

A.建模　　B.三维视觉显示　　C.声音　　D.交互

(7) 虚拟现实 VR 的特性之一是交互性,交互性是通过(　　)进行人机交互。

A.硬件设备　　B.软件设备　　C.输出设备　　D.软件、硬件设备

(8) 利用虚拟现实技术,能够模拟许多(　　)的真实环境。

A.高成本高风险　　B.高成本低风险

C.低成本高风险　　D.低成本低风险

(9) 下列关于虚拟现实 VR 的说法中不正确的是(　　)。

A.虚拟现实技术是人类和计算机之间进行复杂数据交互的技术

B.虚拟现实技术创造一种人工仿真环境

C.虚拟现实技术包含模拟环境、感知、自然技能和专用设备四大要素

D.虚拟现实技术可以将虚拟信息与真实世界巧妙融合

(10) 相较于传统技术,以下选项不属于 VR 技术的优点的是(　　)。

A.可以降低成本　　B.可以缩短培训周期

C.所需场地大　　D.便于携带

(11) 现阶段虚拟现实中常用的建模软件不包含(　　)。

A.3ds Max　　B.Maya　　C.Photoshop　　D.Sketch Up

(12) 医生可以利用(　　)进行手术模拟训练,可任意观察实验现场并进行多次重复操作。

A.虚拟现实技术　　B.增强现实技术

C.大数据处理技术　　D.影视编辑技术

(13) 目前,驾驶员培训学校采用计算机模拟让学员进行驾驶训练,这主要采用了(　　)。

A.语音识别技术　　B.密码识别技术

C.分布处理技术　　D.虚拟现实技术

(14) 人们可以利用(　　)和虚拟影像进行交互。

A.3D 扫描仪　　B.大型投影系统

C.头戴式立体显示器　　D.动作捕捉设备

(15) 3D 扫描仪属于虚拟现实专用设备中的(　　)设备。

A.建模　　B.三维视觉显示　　C.声音　　D.交互

(16) 虚拟现实的简称是(　　)。

A.AR　　B.VR　　C.IR　　D.PR

(17) 增强现实(AR)的定义是什么?(　　)。

A.完全虚拟的环境

B.利用虚拟物体对真实场景进行“增强”显示

C.通过计算机生成的现实环境

D.现实与虚拟环境的混合,但无法交互

(18)(多选题)虚拟现实 VR 技术主要应用在哪些领域?(　　)。

A.教育、医疗　B.游戏、娱乐

C.零售、电子商务　D.导航、地图

(19) 增强现实 AR 技术可以在哪个领域提供手术导航?(　　)。

A.游戏　B.教育　C.医疗　D.旅游

(20) 以下哪项不属于 VR 设备的范畴?(　　)。

A.VR 头盔　B.VR 眼镜　C.数据手套　D.智能手机

(21) 增强现实 AR 技术通常通过什么设备与现实世界进行交互?(　　)。

A.VR 头盔　B.平板电脑　C.3D 扫描仪　D.游戏手柄

(22) 虚拟现实 VR 技术为用户提供了哪种体验?(　　)。

A.真实的物理环境　B.虚拟但可交互的环境

C.简单的视觉体验　D.静态的 3D 图像

(23) 增强现实 AR 技术在设计中常被用来做什么?(　　)。

A.创建虚拟建筑模型

B.进行手术模拟

C.在现实环境中展示虚拟产品模型

D.提供虚拟旅游体验

(24) 以下哪项不属于 AR 技术的优点?(　　)。

A.建模工作量小　B.无需交互

C.真实感受强　D.与现实环境结合紧密

(25) 虚拟现实 VR 技术在医疗领域主要应用于哪些方面?(　　)。

A.手术导航和病例研究　B.虚拟试衣和电子商务

C.地图导航和景点查询　D.游戏娱乐和虚拟旅游

(26) 增强现实 AR 技术在零售和电子商务中的应用是(　　)。

A.虚拟旅游　B.手术模拟　C.虚拟试衣　D.建筑设计

(27) 虚拟现实 VR 应用中,用于感知用户动作和位置的技术是什么?(　　)。

A.陀螺仪和加速度计　B.磁力计和红外传感器

C.红外传感器和温度传感器　D.温度传感器和湿度传感器

(28) Blender 是一款什么软件?(　　)。

A.专门用于 VR 建模　B.3D 建模和设计软件

C.2D 图像处理软件　D.游戏开发引擎

(29) 增强现实 AR 技术在教育和培训中的应用主要是(　　)。

A.提供虚拟旅游体验　B.辅助学生理解复杂概念

C.进行手术模拟　D.虚拟建筑设计

(30) 虚拟现实 VR 头盔的主要功能是什么?(　　)。

A.提供 3D 视觉效果　B.实现现实世界的增强显示

C.提供增强的听觉体验　D.完全取代现实世界

6.4.5.2　填空题

(1) 虚拟现实具有____________、交互性和想象性三大特征。

(2) 虚拟现实与增强现实是目前流行的视觉交互方式，能给人们带来前所未有的真实感和__________。

(3) 当前虚拟现实技术主要应用在游戏、__________、医疗和城市规划等领域。

(4) __________是把虚拟信息(图像、音频、视频等)融合在现实环境中，两种信息互为补充，实现对真实世界的"增强"。

(5) 增强现实技术并非用虚拟世界代替真实世界，而是利用附加信息去__________用户对真实世界的感官认识。

(6) VR是__________的简称。

(7) 虚拟现实VR技术的三大特征是__________、__________、__________。

(8) 虚拟现实VR技术在医疗领域的重要应用之一是__________。

(9) 增强现实AR技术为__________提供了更加生动和实践的学习方式。

(10) 虚拟现实VR头盔通常与__________、__________等设备一起使用，以实现交互功能。

(11) 增强现实AR技术通过__________、平板电脑或AR眼镜等设备与现实世界进行交互。

(12) 虚拟现实VR技术的四大要素是模拟环境、__________、__________、__________。

(13) 虚拟现实VR技术在建筑和设计行业中的主要应用是创建__________。

(14) 增强现实AR技术在零售和电子商务中提供了__________的购物体验。

(15) 虚拟现实VR技术主要应用的领域有__________、__________等。

6.4.5.3 判断题

(　　)(1) 虚拟现实简称AR。

(　　)(2) 虚拟现实技术是人类和计算机之间进行复杂数据交互的技术。

(　　)(3) 现阶段虚拟现实中常用到的硬件设备，大致可以分为建模设备、声音设备和交互设备。

(　　)(4) 玩家佩戴VR特定眼镜和手套可以进行VR交互游戏。

(　　)(5) 虚拟现实VR技术可以应用于教育领域，AR技术则不可以。

(　　)(6) 可以使用增强现实技术给真实世界中的兵马俑添加兵器，重现士兵们的作战状态。

(　　)(7) 虚拟现实技术中常用的建模软件有3ds Max、Maya等。

(　　)(8) 增强现实技术具有三大主要特征，分别是沉浸性、交互性和想象性。

(　　)(9) 医生可以使用虚拟现实技术重现环境、增强临场感和沉浸感，达到治疗心理疾病的目的。

(　　)(10) 虚拟现实技术融合了数字图像处理、计算机图形学、多媒体技术、传感器技术等多个信息技术分支，从而大大推进了计算机技术的发展。

(　　)(11) 虚拟现实VR技术可以完全取代现实世界。

(　　)(12) AR技术不需要与现实世界进行交互。

(　　)(13) 虚拟现实VR技术在游戏和娱乐领域有着广泛的应用。

(　　)(14) AR技术主要应用于医疗和手术领域，其他领域应用较少。

(　　)(15) 虚拟现实 VR 头盔是体验虚拟现实技术的必要设备。

(　　)(16) AR 技术利用计算机生成一种逼真的虚拟环境,包括视觉、听觉等感觉。

(　　)(17) Blender 软件只能用于 VR 建模,不能用于其他类型的 3D 建模。

(　　)(18) VR 技术在教育领域的应用主要是通过提供虚拟旅游体验来实现的。

(　　)(19) AR 技术可以将虚拟内容叠加到现实世界中,增强用户的现实体验。

(　　)(20) 虚拟现实 VR 技术在医疗领域的应用仅限于手术模拟和病例研究。

6.4.5.4 综合实践

(1) 任务一

线上体验 VR 全景视频(手机打开抖音 APP 搜索 VR 全景视频)。

(2) 任务二

分析一款流行的 VR 游戏,讨论该游戏如何利用 VR 技术提升玩家的游戏体验。

(3) 任务三

假设你是一名教育技术开发者,计划开发一款结合虚拟现实(VR)和增强现实(AR)的教育软件。请描述这款软件的具体功能和应用场景。

(4) 任务四

参照故宫全景图制作一张“我的校园”全景图。

① 拍摄 VR 全景照片。

② 制作 VR 全景照片。

(5) 任务五

① 给出虚拟现实技术在游戏、教育、医疗等领域的应用举例。

② 给出增强现实技术在文化、旅游、工业、教育、医疗等领域的应用举例。

6.4.6 学习手札

____

____

____

____

____

____

单元测验

一、选择题

1. Premiere 编辑的最小单位是(　　)。

A.帧　　B.秒　　C.毫秒　　D.分钟

2. 项目窗口主要用于管理当前编辑中需要用到的(　　)。

A.素材片段　　B.工具　　C.效果　　D.视频文件

3. 小张将创作图甲和图乙,图甲希望图像放大后仍然很清晰,图乙更注重表现图像的色彩和层次。图甲和图乙应该分别是(　　)。

A.位图、点阵图　　B.矢量图、点阵图

C.矢量图、位图　　D.位图、矢量图

4. MPEG、WMV、WAV、MP3、MIDI 都属于(　　)。

A.音视频格式　　B.Photoshop 格式

C.网页格式　　D.数据库格式

5. Premiere 是由(　　)公司开发的。

A.微软　　B.Adob　　C.诺顿　　D.苹果

6. 下面四种静态图像文件中,在 Internet 上大量使用的是(　　)。

A.SWF B.TIF C.BMP D.JPG

7. 在体感游戏中,玩家手握游戏手柄,通过自己身体的动作控制游戏中人物的动作,全身投入到游戏当中,享受互动新体验,这体现了数字媒体技术(　　)的特点。

A.数字化 B.交互性 C.集成性 D.艺术性

8. 数字媒体素材包括(　　)。

① 图像 ② 文字 ③ 动画 ④ 视音频

A.①③④ B.② C.③④ D.①②③④

9. 以下不属于位图格式的是(　　)。

A.JPEG B.BMP C.CDR D.PNG

10.走马灯、皮影戏、手翻书都是(　　)的原型。

A.图像 B.动画 C.视频 D.文本

11. 在计算机上录音,用数码相机拍摄图片、视频等,其本质是(　　)。

A.把模拟信号转换为数字信号 B.把虚拟信号转换为数码信号

C.把数字信号转换为模拟信号 D.把数码信号转换为虚拟信号

12. 常见的格式转换软件不包含(　　)。

A.格式工厂 B.Total Video Converter

C.迅捷视频转换器 D.Camtasia

13. 想要尝试录制一段自己的语音,可以单击操作系统自带的(　　)进行录制。

A.画图 B.计算器 C.截图工具 D.录音机

14. 下列选项中,不是常用的图像处理软件的是(　　)。

A.Visual Basic B.彩影

C.Lightroom D.RawTherapee

15. 短视频制作流程一般分为以下三个步骤:(　　)。

A.演员试镜→拍摄素材→后期制作 B.脚本创作→拍摄素材→视频剪辑

C.演员试镜→拍摄素材→视频剪辑 D.脚本创作→拍摄素材→后期制作

16. 下列选项中,属于目前常用压缩工具的是(　　)。

A.Total Video Converter B.WinZip

C.360 安全卫士 D.Winamp

17. 下列选项中,不是文字媒体常见文件扩展名的是(　　)。

A.TXT B.DOCX C.PSD D.HTML

18. 完成视频制作后,一般需要导出(　　)文件。

A.doc B.Jpg C.MP4 D.MP3

19. 分享学习心得、生活感悟和校园生活等,可以使用(　　)。

A.演示文稿软件 B.Photoshop 软件

C.电子表格软件 D.文字处理软件

20. 当文本占位符周围出现小圆圈时,拖动鼠标不可实现(　　)。

A.旋转角度 B.移动位置 C.变换大小 D.调整颜色

21. 按(　　)键,可以从头开始放映幻灯片。

A.F1 B.F5 C.Shift+F1 D.Shift+F5

22. 想要A幻灯片和B幻灯片中间出现过渡动画，需要在(　　)选项卡中选择合适的效果。

A.插入　　B.切换　　C.动画　　D.视图

23. 可以在(　　)中调整动画开始、持续时间，并预览效果。

A.添加动画　　B.动画窗格　　C.效果选项　　D.持续时间

24. 头戴式立体显示器属于虚拟现实专用设备中的(　　)设备。

A.建模　　B.三维视觉显示　　C.声音　　D.交互

25. 在教育领域中，可以使用(　　)技术做虚拟实验。

A.VR　　B.PS　　C.AI　　D.AR

26. 下列选项中，全是位图图像格式的是(　　)。

A.PSD、BMP、JPEG　　B.JPEG、GIF、CDR

C.GIF、CDR、DWG　　D.DWG、EPS、DXF

27. 将手机拍摄的照片用居中的方式设置为计算机的桌面，发现该照片只占据了屏幕中央的一部分，原因是(　　)。

A.照片的分辨率比显示器的分辨率小　　B.照片的分辨率比显示器的分辨率大

C.照片的分辨率比像素分辨率小　　D.照片的分辨率比像素分辨率大

28. 不进行数据压缩的、标准的Windows图像文件格式是(　　)。

A.BMP　　B.GIF　　C.JPGQ　　D.TIFF

29.色彩三原色指(　　)。

A.红、黄、蓝　　B.红、绿、蓝

C.黑、白、灰　　D.青、品红、黄

30. 想要实现在幻灯片放映时跳转到演示文稿以外的文件，可以创建(　　)。

A.文件　　B.超链接　　C.形状　　D.图表

二、填空题

1. 数字媒体技术采用________的形式通过计算机来存储、处理和传播文字、图像、声音、动画等信息。

2. ________是由像素点阵组成的画面。

3. ________与分辨率没有关系，具有简洁明了、无级别放大而始终平滑等特点。

4. 广泛应用于文本、程序数据压缩的是________压缩。

5. 黄金分割法是指将整体一分为二，其比值约为________。

6. 想要拍摄人的手部动作，可以使用________景别。

7. 镜头组接中的拍摄方向要遵循________规律。

8. ________是演示文稿软件自带的一种设置规范的标准化模板。

9. 幻灯片播放时，可以选择________勾画重点。

10. 沉浸性、交互性和________是虚拟现实技术的三大主要特征。

11. 演示文稿有________、幻灯片浏览视图、阅读视图和幻灯片放映等多种视图模式。

12. 幻灯片在放映时实现跳转，或是链接到演示文稿以外的文件，可以在幻灯片中为文本或其他对象创建＿＿＿＿＿＿。

13. ＿＿＿＿＿＿是幻灯片播放的快捷键。

14. 图像分位图和矢量图两种，对图像进行缩放、旋转等操作时会产生失真现象的是＿＿＿＿＿＿。

15. 常见的音频文件有 WAV、MP3、WMA 和＿＿＿＿＿＿等类型。

16. 模拟信号转数字信号时，要把模拟信号的连续幅度转换为有限数量的有一定间隔的离散值，并＿＿＿＿＿＿使用进行编码，得到数字信号。

17. ＿＿＿＿＿＿是指摄像机与被摄对象的距离不同，造成被摄体在画面中呈现出不同的大小。

18. 数字媒体作品的常见类型包括＿＿＿＿＿＿、音频、视频、动画和虚拟现实等。

19. 图像的基本组成单位是＿＿＿＿＿＿。

20. 虚拟现实具有＿＿＿＿＿＿、交互性和想象性三大特征。

三、判断题

(　　)1. 矢量图可以充分表现大量细节，使图像更接近真实。

(　　)2. 矢量图占用的空间比较小，便于网上传输，但不适合表现复杂的事物。

(　　)3. 视频是经过数字化处理、视频采集、存储在计算机中的动态影像。

(　　)4. 把所有颜色混合在一起，在计算机显示器中就产生了白色。

(　　)5. 有损压缩是指将相同或相似的数据或数据特征归类，使用较少的数据量描述原始数据，以达到减少数据量的目的。

(　　)6. 实际应用中常使用 2∶3、3∶5、5∶8 等近似值进行构图，画面更具平衡感。

(　　)7. 立体动画主要指计算机制作的动画，经典作品有《玩具总动员》。

(　　)8. 镜头的运动方式是利用摄像机在推、拉、摇、移、升、降等形式的运动中进行拍摄的方式。

(　　)9. 镜头组接没有规律，可以随意组接。

(　　)10. 完成 PPT 制作后，不能导出视频。

(　　)11. 常见的数字媒体作品呈现形式有电影、电视剧、广播剧、各类广告等。

(　　)12. 演示文稿“动画”选项卡中，可以添加在页面上出现的各种对象的动画效果。

(　　)13. 播放演示文稿时，按 F5 键可以停止播放。

(　　)14. VR 技术是一种将虚拟信息与真实世界巧妙融合的技术。

(　　)15. 走到商场后，戴上特定眼镜后，能透过砖瓦看到商场中目前的人流、打折信息，还有你上次去买东西缺货的那件商品已经上架了，这运用了 AR 技术。

(　　)16. 在幻灯片浏览视图中，可以对幻灯片进行移动、删除、复制，但不能对单独的幻灯片内容进行编辑。

(　　)17. PowerPoint 2010 的主要功能是图片处理。

(　　)18. 在演示文稿中放映幻灯片时，按 Esc 键可以结束幻灯片放映。

(　　)19. 允许在演示文稿中添加超链接，但只能实现本文件中各幻灯片之间的链接。

(　　)20. 景别大致可分为远景、中景、近景、特写。

四、综合实践

任务一

请利用格式工厂将“test.jpg”图片文件转换为PNG格式，并确保转换后的图片质量不损失。

任务二

你是一名多媒体设计师，正在为一家环保组织准备一个关于海洋保护的在线宣传活动。你收到了一批包含图片、视频、音频和文档的多媒体素材。现在，你需要对这些素材进行整理，以便后续高效地制作宣传内容。请详细描述你将如何整理这些素材，并给出具体的操作步骤。

任务三

如何使用美图秀秀调整图片的色彩饱和度？

任务四

在剪映中，如何将两个视频片段无缝连接起来，并添加适当的转场效果？

任务五

如何在剪映中添加并调整视频滤镜？

任务六

用 Flash 软件制作一个形状补间动画。

任务七

任务描述：

以“我的校园生活”为主题，设计一个演示文稿：

1. 至少包含 6 张幻灯片，涵盖校园的不同方面，如校园环境、学习生活、社团活动等。

2. 应用一个合适的主题，并对主题颜色和字体进行调整，使其更符合校园氛围。

3. 在幻灯片中插入相关的图片、图表（如社团人数统计图表），图片和图表要有合适的格式和布局。

4. 为幻灯片中的元素添加动画效果，幻灯片之间设置合理的切换效果。

5. 在最后一张幻灯片上，列出制作本演示文稿所参考的资料或图片来源。

任务八

线上参观故宫博物院。

1. 在微信小程序中搜索“玩转故宫”；

2. 选择一处建筑进行游览：可在页面观看文字介绍、语音讲解，点击“全景游览”可以 360°欣赏该景点景色。

7　构建信息社会“防火墙”——信息安全基础

本章旨在引导学生了解信息安全常识，认识信息安全面临的威胁，充分认识信息安全的重要意义，具备信息安全意识，了解信息安全规范，能根据实际情况采用正确的信息安全防护措施。

内容要求

(1) 了解信息安全常识

了解信息安全基础知识与现状，列举信息安全面临的威胁；

了解信息安全相关的法律、政策法规，具备信息安全和隐私保护意识。

(2) 防范信息系统恶意攻击

了解网络安全等级保护和数据安全等相关的信息安全制度和标准；

了解常见信息系统恶意攻击的形式和特点，初步掌握信息系统安全防范的常用技术方法。

教学提示

在教学中，教师应选择信息安全的经典案例，引导学生充分认识信息安全的重要意义，并通过具有典型意义的项目和任务训练，提高学生信息安全的意识和基本技术能力。

在教学中，教师要引导学生认识管理因素和技术因素对信息安全的影响，了解信息安全标准与规范，根据实际需要采用正确的安全防护措施。

核心素养目标

综合应用信息技术解决生产、生活和学习情境中的各种问题；在数字化学习与创新过程中培养独立思考和主动探究能力，不断强化认知、合作、创新能力，为职业能力提升奠定基础(表 7.1)。

表 7.1　信息安全基础的核心素养目标

内涵	具体内容
信息意识	认识信息安全的重要意义，能判断可能存在的信息安全风险，了解规避风险的方法；了解信息安全规范，能合法使用网络信息资源；了解信息社会特征和相关的文化、道德和法律常识。 能分析信息系统面临的风险，为部署安全措施、封控安全漏洞提供参考

续表7.1

内涵	具体内容
计算思维	了解数据加密技术，对概率与组合等数学知识有初步的了解
数字化学习创新	合法使用网络信息资源，能借助网络等进行协作学习，并且可以正确规避信息安全风险
信息社会责任	具有保护信息安全、尊重知识产权的意识，会保护个人及他人信息隐私； 正确区分虚拟社会与现实社会身份的差别，能在虚拟社会中与其他成员安全、负责任地交流
管理思维	通过信息安全中人防、物防、技防的管理措施了解人防中的人员培训、制度、规范、组织架构在管理中发挥的重要作用
行业特性	深入了解信息安全在不同生产领域的应用形态，通过案例理解信息安全对主流行业的重要价值

7.1　了解信息安全常识

随着互联网技术的不断发展，我们的各种信息也更多地出现在互联网中，人们享受着信息传播的快捷便利、大数据分析的智能精准。在这个信息爆炸的时代，数据成了新的“石油”，是推动社会进步和个人发展的关键资源。然而，随着互联网技术的迅猛发展，个人信息泄露、网络攻击等安全问题日益凸显，给个人隐私保护和社会稳定带来了前所未有的挑战。因此，了解并掌握信息安全常识，对于维护个人权益、促进社会和谐具有极其重要的意义。

在信息技术快速发展的背景下，无论是个人、企业还是国家，都需要高度重视信息安全问题。只有不断加强信息安全教育，提高全民信息安全素养，才能更好地抓住发展机遇，应对各种安全威胁，确保经济社会健康稳定地向前发展。

7.1.1　目标导航

(1) 了解信息社会信息安全风险及现状；
(2) 能够列举信息安全面临的主要威胁；
(3) 熟悉信息社会公民应遵守的法律和政策法规；
(4) 加强信息安全和隐私保护意识。

7.1.2　知识图谱

具体如图 7.1 所示。

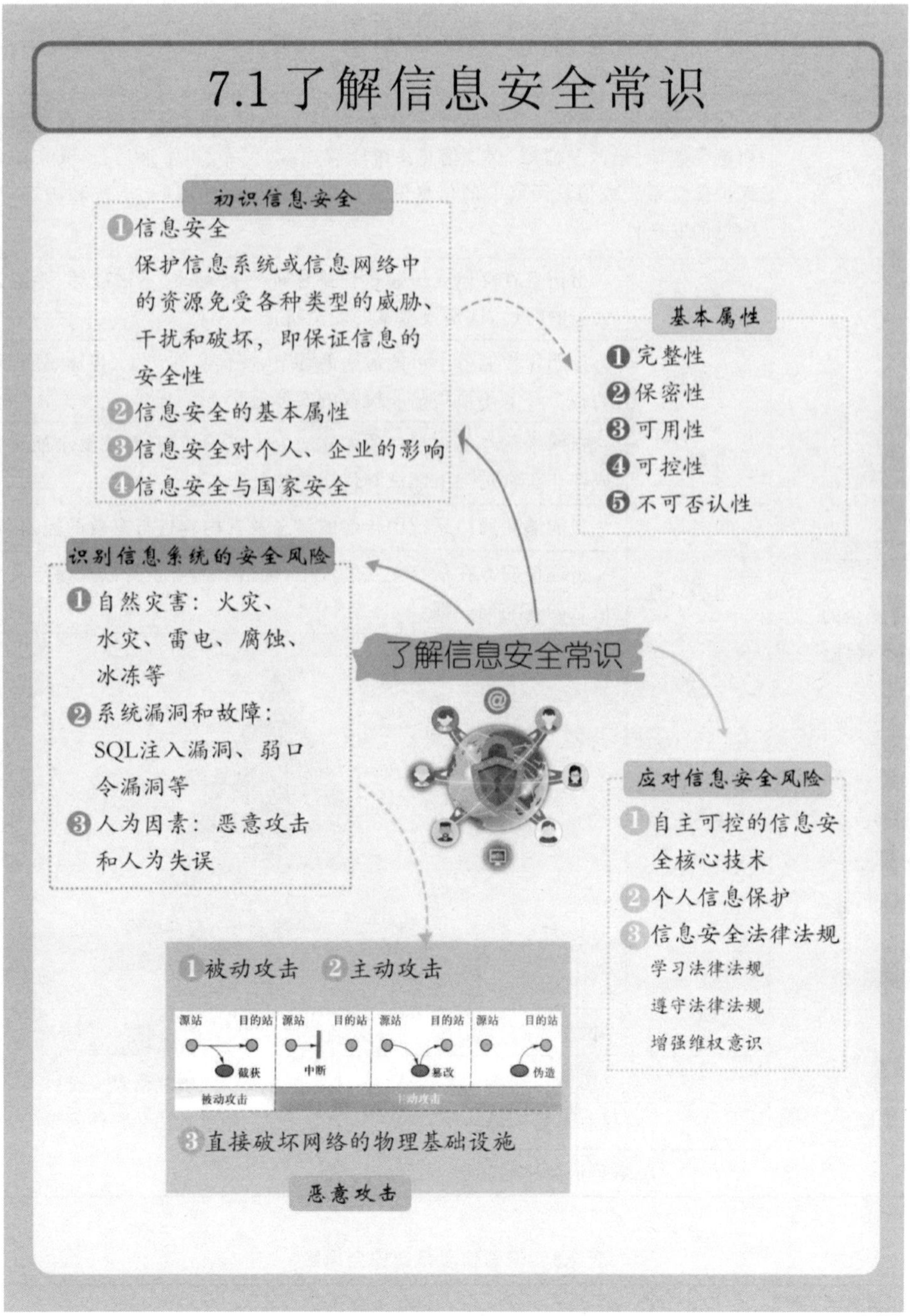

图 7.1 知识图谱——了解信息安全常识

7.1.3 必备知识清单

具体见表 7.2 至表 7.4。

表 7.2　初识信息安全

知识点	主要内容	
信息安全的定义	信息安全指保障信息系统的硬件、软件及相关数据，使之不因偶然或者恶意侵犯而遭受破坏、更改及泄露，保证信息系统能够连续、可靠、正常地运行，其实质就是要保护信息系统或信息网络中的信息资源免受各种类型的威胁、干扰和破坏，即保证信息的安全性	
信息安全的基本属性	完整性	指信息在存储或传输过程中保证不被篡改、不被破坏、不延迟和不丢失的特性，这是最基本的安全特征
	保密性	指严密控制各个可能泄密的环节，使信息在产生、传输、处理和存储的各个环节不泄露给非授权的实体或个人
	可用性	指网络信息可被授权的实体或个人正确访问，并按要求能正常使用或在非正常情况下能恢复使用的特征
	可控性	指能够对网络系统中传播的信息及其内容进行有效的控制和管理
	不可否认性	指通信双方在信息交互过程中，确信参与者本身以及参与者所提供信息的真实同一性
	CIA 三元组	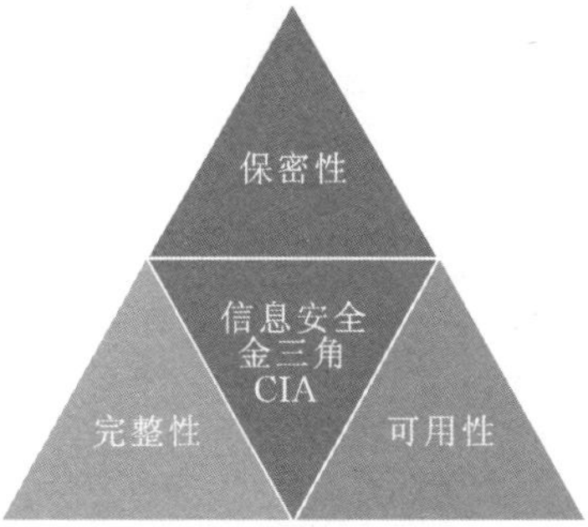
信息安全与国家安全	网络渗透	系统安全 系统信息安全 网络社会整体安全
	网络诈骗	
	网络有害信息侵蚀	
	网络恐怖和违法犯罪	

表 7.3　识别信息系统安全风险

知识点	主要内容	
自然灾害	指由自然灾害（如地震、火灾、洪水等）导致的程序、数据库、服务器等信息设备造成破坏的信息安全风险	火灾、水灾、雷电、地震、龙卷风等自然灾害，腐蚀、冰冻、电力供应中断、电信设备故障、电磁辐射、热辐射等环境因素

续表7.3

<table>
<tr><th>知识点</th><th colspan="2">主要内容</th></tr>
<tr><td rowspan="4">系统漏洞和故障</td><td rowspan="4">漏洞是指信息系统中的软件、硬件或通信协议中存在缺陷或不适当的配置，从而可使攻击者在未授权的情况下访问或破坏系统，导致信息系统面临安全风险</td><td>SQL 注入漏洞</td></tr>
<tr><td>弱口令漏洞</td></tr>
<tr><td>远程命令执行漏洞</td></tr>
<tr><td>权限绕过漏洞</td></tr>
<tr><td rowspan="12">人为因素</td><td rowspan="3">恶意攻击</td><td>主动：中断、篡改、伪造等</td></tr>
<tr><td>被动：截获</td></tr>
<tr><td>直接破坏网络的物理基础设施</td></tr>
<tr><td rowspan="9">人为失误</td><td>弱口令和共享密码</td></tr>
<tr><td>丢失或报废设备未清除信息</td></tr>
<tr><td>打开不安全的网址或邮件</td></tr>
<tr><td>使用个人移动设备访问组织的专用网络</td></tr>
<tr><td>使用未经国家信息安全评测机构认可的信息安全产品</td></tr>
<tr><td>系统管理员安全配置不当</td></tr>
<tr><td>误删除重要系统文件</td></tr>
<tr><td>未按规定要求正确维护系统</td></tr>
<tr><td>未正确使用信息系统相关设备导致其被毁坏</td></tr>
</table>

表 7.4 应对信息安全风险

<table>
<tr><th>知识点</th><th colspan="2">主要内容</th></tr>
<tr><td rowspan="3">可控的信息安全核心技术</td><td rowspan="3">发展自主可控、安全可信的核心基础软件与硬件</td><td>知识产权自主可控</td></tr>
<tr><td>能力自主可控</td></tr>
<tr><td>发展自主可控</td></tr>
<tr><td rowspan="2">个人信息保护</td><td colspan="2">法律保护</td></tr>
<tr><td colspan="2">树立信息保护意识，掌握防范泄密、窃密的基本技能</td></tr>
<tr><td rowspan="3">信息安全法律法规</td><td>学习法律法规</td><td>及时了解相关的法律法规，增强守法意识，了解法律规定的权利和义务，维护网络安全、有序</td></tr>
<tr><td>遵守法律法规</td><td>增强信息社会的法律意识，自觉履行法律规定的义务。只有大家牢固树立法治观念和增强法律意识，才能建设一个健康、有序、和谐的网络空间</td></tr>
<tr><td>增强维权意识</td><td>敢于主张和争取法律赋予的权利，运用法律维护自己和他人的合法权益</td></tr>
</table>

7.1.4 典型例题

【例 1】下列选项中，哪个不是信息安全的基本属性？（　　）

A.完整性　　B.不可否认性　　C.可用性　　D.安全性

【答案】D

【解析】本题主要考查的是学生对于信息安全基本属性的掌握。信息安全的基本属性包括完整性、保密性、可用性、可控性和不可否认性。安全性不是信息安全的特征，而是目的，即信息安全是保证信息的安全性。

【例 2】下列攻击方法中属于被动攻击的是（　　）

A.拒绝服务攻击　　B.重放攻击

C.流量分析攻击　　D.假冒攻击

【答案】C

【解析】本题主要考查学生对信息系统安全风险的了解情况。人为因素是网络和信息系统安全的最大威胁，其中被动攻击是指在不影响正常数据通信的情况下，用搭线监听、侦听电磁泄漏、嗅探、信息收集等手段窃取系统中的信息资源或对业务数据流进行分析。

7.1.5 综合提升训练

7.1.5.1 选择题

(1) 下列哪一项是指确保信息在传输或存储过程中不被未经授权的人员访问？（　　）。

A.完整性　　B.可用性　　C.保密性　　D.不可否认性

(2) 下列哪个属性指的是保证信息及其处理方法受到控制，即信息只能按照规定的方式由授权的人使用？（　　）。

A.完整性　　B.可控性　　C.可用性　　D.不可否认性

(3) 当我们说一个信息系统具有良好的“可用性”时，这意味着什么？（　　）。

A.系统中的数据不会被篡改

B.数据的发送方不能否认已发送的数据

C.授权用户可以随时访问所需的信息

D.任何尝试访问系统的人都会被记录下来

(4) “完整性”主要关注的是什么？（　　）。

A.防止数据被非法读取

B.确保数据的真实性和准确性

C.记录所有对数据的操作

D.控制数据的使用权限

(5) SQL 注入漏洞是一种常见的系统漏洞类型，请问 SQL 注入漏洞是什么意思？（　　）。

A.指利用网站程序代码缺陷，通过输入特殊的字符或者字符串，使数据库执行非预期的操作或泄露敏感信息

B.指利用网站程序代码缺陷，通过输入特定的数值，使数据库执行非预期的操作或泄露敏感信息

C.指利用网站程序代码缺陷,通过输入特定的命令,使数据库执行非预期的操作或泄露敏感信息

D.指利用网站程序代码缺陷,通过输入特定的文件路径,使数据库执行非预期的操作或泄露敏感信息

(6) 以下哪种情况不属于人为因素导致的信息安全风险?( )。

A.人为失误　　B.恶意攻击

C.系统漏洞和错误　　D.自然灾害

(7) 人为因素的恶意攻击,是通过各种方式破坏或攻击信息系统而达成目的的,下列选项中属于被动攻击的是( )。

A.篡改　　B.中断　　C.截获　　D.伪造

(8) 下列哪些行为不属于违法犯罪?( )。

A.以非法占有为目的,利用电信网络技术手段,通过远程、非接触等手段诈骗公私财物

B.借助互联网为载体,对受害者进行谩骂、抨击、侮辱和诽谤等,并对当事人的隐私权、人身安全及其正常生活造成威胁或某种不良影响

C.在成年后观看直播并对喜欢的主播进行大量虚拟礼物打赏

D.利用网络广告形式、网络交易手段和网络联系媒介进行传销

(9) 任何个人和组织不得窃取或者以其他非法方式获取个人信息,不得( )或者非法向他人提供个人信息。

A.有意　　B.故意　　C.非法出售　　D.出售

(10) 能采用撞库获得敏感数据的主要原因是( )。

A.数据库没有采用安全防护措施

B.用户在不同网站设置相同的用户名和密码

C.数据库安全防护措施弱

D.利益驱使

(11) 以下哪一项不是当前信息安全面临的主要挑战?( )。

A.技术更新速度快　　B.法律法规滞后

C.缺乏专业人才　　D.物理安全设施不足

(12) 信息安全核心技术的自主可控指的是( )。

A.知识产权自主可控　　B.能力自主可控

C.发展自主可控　　D.以上都是

(13) 在手机上看到"不转发就会出事"这类信息,错误的是( )。

A.害怕诅咒,果断转发

B.不相信诅咒,拒绝转发

C.说明其中的原因并且劝阻别人转发

D.因为是朋友转发的,不知道该不该转,寻求父母帮助

(14) 使用微信时可能存在安全隐患的行为是( )。

A.设置允许"回复陌生人自动添加为朋友"

B.设置陌生人仅可查看三天朋友圈的权限

C.设置微信独立账号和密码,不共用其他账号和密码

D.安装防病毒软件,从官方网站下载正版微信

(15) 网购时,如果发现商品是假冒伪劣产品,不应该怎么做?(　　)。

A.与卖家协商处理　　B.拨打 12315 消费者维权热线投诉

C.要求卖家按照售价 100 倍赔偿　　D.申请网购平台介入调解

(16) 以下说法中,错误的是(　　)。

A.随着信息化发展进程的不断加快,信息技术已经渗透到国家政治、经济、文化、军事和社会生活的各个方面

B.国家、社会和个人对信息的依赖程度越来越高,信息和数据已经成为重要的战略资源

C.信息安全在保障经济发展、社会稳定、文化传承、国家安全、公众权益和军事斗争中的作用日益重要

D.信息安全离生活很远,在企业、政府、军队中才要特别注意

(17) 小明看到手机微信朋友圈里有“未来职业测试”,以下做法中正确的是(　　)。

A.点开后,按提示填写自己的姓名、年龄、手机号等真实信息并发送

B.填写完后再告诉父母实情

C.点开后发现要填写个人真实信息,果断关闭页面

D.在微信中跟朋友宣传,邀请他们一起来测试

(18) 以下哪一项措施可以有效防止内部人员的恶意行为?(　　)。

A.实施严格的访问控制策略

B.不进行背景调查

C.不使用身份验证

D.不进行安全培训

(19) 以下哪一项措施可以有效防止数据泄露?(　　)。

A.不使用数据加密　　B.不备份重要数据

C.使用数据加密和备份　　D.不限制数据访问权限

(20) 以下哪一项措施可以有效防止物理安全威胁?(　　)。

A.不使用物理安全设施　　B.不监控数据中心

C.不限制数据中心的访问　　D.使用物理安全设施和监控

(21)《中华人民共和国数据安全法》规定,重要数据的跨境传输应当经过哪个部门的审查?(　　)。

A.国家网信部门　　B.工业和信息化部

C.国家安全部　　D.国家市场监督管理总局

(22)《中华人民共和国网络安全法》正式实施的时间是(　　)。

A.2016 年 11 月 7 日　　B.2017 年 6 月 1 日

C.2018 年 1 月 1 日　　D.2019 年 5 月 1 日

(23) 依据《中华人民共和国刑法》,非法获取计算机信息系统数据、非法控制计算机信息系统的行为最高可判处(　　)年有期徒刑。

A.3 年　　B.5 年　　C.7 年　　D.10 年

(24) 以下哪一项措施不能有效提高信息系统的安全性?(　　)。

A.定期更新操作系统和应用程序的安全补丁

B.使用复杂的密码策略

C.停止所有外部网络连接

D.对员工进行安全意识培训

(25) 以下哪一项措施可以有效防止 SQL 注入攻击?(　　)。

A.使用参数化查询　　B.开放所有端口

C.不使用防火墙　　D.使用简单密码

7.1.5.2 填空题

(1) 信息安全是指__________的硬件、软件及相关__________,使之不因偶然或恶意侵犯而遭受破坏、更改和泄露,保证信息系统能够连续、可靠、正常地运行。

(2) 信息安全的基本属性包括:__________、保密性、可用性、可控性和__________。

(3) 自然灾害、__________和人为因素是信息系统安全面临的主要威胁。

(4) 人为因素是网络和信息系统安全的最大威胁,分为__________和人为失误。

(5) 保证运行系统安全、__________和网络社会的整体安全,对整个社会的网络化和信息化建设提供基础性的安全保障,是信息化社会国家安全的基石。

(6) 从社会学的角度看,信息安全是关系__________、__________、__________的重要方面。

(7) 信息安全管理者应具有一定的计算机网络专业技术知识,经过计算机安全员培训并考试合格,无__________记录。

(8) 从系统整体看,导致安全“漏洞”的主要原因包括__________和__________两大因素。

(9) 信息安全主要涉及信息__________安全、信息__________安全、信息__________安全三个方面。

(10) 法律规范主体违反法律规范的规定后,应当承担的责任大体分为__________责任、__________责任和__________责任。

(11) 任何人不得提供专门用于从事侵入网络、干扰网络正常功能及防护措施、窃取网络数据等危害网络安全活动的__________、__________。

(12) 个人信息安全的保护包括__________层面的法律规定、__________层面的行业自律和__________层面的保护意识三方面。

(13) 个人信息泄露的隐患包含__________地址泄露,生日和电话号码等__________信息泄露,职业身份、社会关系等__________泄露等。

(14) 根据《中华人民共和国网络安全法》,网络运营者应当采取技术措施和其他必要措施,保障其收集的个人信息的__________、__________、__________。

(15) 可能会对信息系统的安全造成威胁的自然灾害有__________、__________等。

7.1.5.3 判断题

(　　)(1) 信息安全的核心属性包括完整性、保密性、可用性、可控性和不可否认性。

(　　)(2) SQL 注入漏洞只存在于 Web 应用程序中,其他类型的软件不存在此类漏洞。

(　　)(3) 人为因素导致的安全风险主要包括恶意攻击、人为失误和人为失职等。

(　　)(4) 个人信息保护仅涉及个人隐私,与国家信息安全无关。

(　　)(5) 学习法律法规有助于提高我们的安全意识和防范能力,从而更好地应对信息安全风险。

(　　)(6) 自然灾害是信息安全中最大的威胁。

(　　)(7) 系统漏洞就是系统设计缺陷,黑客可以利用系统漏洞攻击系统。

(　　)(8) 浏览器缓存和上网历史记录能完整还原用户访问互联网的详细信息,并反映用户的使用习惯、隐私等。因此应当定期清理这些信息以避免他人获得并造成隐私泄密。

(　　)(9) 如果采用正确的用户名和口令成功登录网站,则证明这个网站不是仿冒的。

(　　)(10) SQL 注入攻击不会威胁到操作系统的安全。

(　　)(11) 信息资源是可以同时被很多人共享使用的特殊资源。

(　　)(12) 计算机系统更换操作人员时,应令原操作员交出掌握的各种技术资料、磁盘等存储器件,同时改变系统的口令密码。

(　　)(13) 在工作专用计算机上不能随意安装软件,为了确保系统稳定和维护标准的软件源,信息管理部门是唯一能够授权开展该项工作的机构。

(　　)(14) 删除不希望别人恢复的敏感文件时,直接将它们移到回收站即可。

(　　)(15) 计算机中数据信息越重要,容灾等级越高。

(　　)(16) 如果系统在一段时间内没有出现安全问题,可以不用再进行容灾。

(　　)(17) 采用多种技术和管理手段,可以保证信息系统绝对安全。

(　　)(18) 计算机系统安全是指应用系统具备访问控制机制,数据不被泄漏、丢失、篡改。

(　　)(19) 信息网络的物理安全要从环境安全和设备安全两个角度来考虑。

(　　)(20) 使用参数化查询可以有效防止 SQL 注入攻击。

7.1.5.4　综合实践

(1) 任务一

① 评估可能影响信息安全的行为

维护网络安全是全社会的共同责任,需要国家、社会、企业和个人的共同参与。作为社会的一分子,每一个公民都需要提高自身的信息安全素养,捍卫个人合法的信息和权益。

请评估自己可能影响信息安全的行为,讨论如何改进,并填写表 7.5。

表 7.5　影响信息安全行为的评估

影响信息安全的行为	自我检查	改进做法
是否尽量将银行卡、手机 APP、网站等密码设置得不一样	□是□否	
是否尽量设置复杂的密码,不用自己的姓名、生日或手机号码	□是□否	
与别人聊天时,是否注意不透露过多个人信息	□是□否	
是否谨慎对待朋友通过网络通信软件向你借钱	□是□否	
是否尽量不连接公共场所来源不明的免费 WiFi	□是□否	
是否基本不参加扫二维码送礼物等活动	□是□否	
是否不好奇、不打开邮件或网页中的不明链接	□是□否	

续表7.5

影响信息安全的行为	自我检查	改进做法
是否尽量做到只在官方网站下载软件安装程序	□是□否	
是否定时备份重要的文件或资料	□是□否	

② 案例分析

小李是一个自由职业者，经常在线上工作。为了方便记忆，他习惯把所有网站和服务都使用同一套用户名和密码组合。一天，他发现自己的社交媒体账号突然被删除了许多好友，同时收到了多条私信询问关于一些他从未参与过的商业合作事宜。经过调查，小李发现自己在一个小众论坛上注册时使用的邮箱和密码组合被泄露了。由于在其他平台上也使用了相同的密码，使得黑客得以入侵他的多个账户。这次事件不仅影响了小李的个人信誉，还导致了财务损失，因为黑客还尝试登录了他的网银账户。直至报案后统计，小李共计损失了上万余元。

请同学们分析上述案例，并回答以下几个问题：

a. 受害人是什么原因才会遭到黑客攻击？

b. 根据他的教训，我们在生活中应该如何防范类似问题？

(2) 任务二

① 检查手机权限

你是否留意，当在手机上安装一款应用软件时，会询问是否允许读取通讯录或者获取用户位置。有时一不小心，就全部点了同意。不知不觉间，使用手机的过程中就暴露了通讯录、地理位置，甚至手机使用习惯等信息。下面一起来检查一下自己的手机权限吧！

a. 查看手机权限管理

打开手机中的“权限管理”(有的系统称为“隐私”)界面，查看哪些应用软件有读取电话、位置、通讯录等信息的权限，如图 7.2 所示。

图 7.2 “权限管理”界面

b. 检查手机权限

根据你的手机真实使用情况，填写手机检查表，完成必要性分析，见表 7.6。如非必要，关闭相应软件的有关权限。

表 7.6　手机权限分析表

权限	权限说明	有该权限的应用软件	必要性分析	权限设置
电话信息	授予该权限，应用软件可在用户未执行操作的情况下拨打电话或发送信息		一般没有必要	可设置为“拒绝”或“询问”
			有的时候需要	可设置为“仅在使用中允许”
位置信息	系统定位服务开启时，允许应用软件获取此设备的位置			
通讯录信息	允许应用软件读取手机上存储的联系人的相关数据			

② 案例分析

李先生是一名电子产品爱好者，喜欢尝试各种手机应用。他经常在下载新应用时，不加思考地同意所有权限请求，包括访问通讯录、位置信息和相机等。一天，李先生发现自己的电话号码和家庭住址被用于垃圾短信和电话骚扰，手机经常收到来路不明的短信和链接邮件。他怀疑这些信息是通过某个应用泄露出去的。于是，他逐一检查了手机上的应用权限，发现有些应用确实获取了过多的个人信息，并根据自己的实际情况将权限逐一取消。

请同学们阅读分析上述案例，并经小组讨论回答以下问题：

a. 李先生为什么会让自己的个人信息泄露出去？

b. 根据以上案例，请列出自己手机中过度获取权限的应用软件，关闭不必要的权限，并思考我们应该如何保护自己的隐私信息？

____

____

____

____

____

(3) 任务三

手机丢了怎么办？

小信妈妈的手机丢了，手机中安装了购物、银行、娱乐、通信等各种应用。下面我们一起来帮助小信妈妈完成应急处理措施，将损失降到最低。

第 1 步：办理手机停机。

第 2 步：冻结与网上支付相关的银行卡。

第 3 步：冻结第三方支付账户，如支付宝、微信支付、京东支付等。

第 4 步：告知亲友，避免亲友被骗。

第 5 步：追踪丢失的手机。大多数手机内置了通过卫星导航系统及网络基站定位确定手机确切位置的功能，利用该功能可以追踪到丢失的手机位置。

第 6 步：报警。手机丢失后应该及时报警。如果手机开启了防盗功能，手机反馈回来的位置及相关信息对于警方立案侦查都有帮助，找回手机的可能性会大大增加。

请思考：当你发现自己的个人信息泄露，并被人不正当利用时，可以通过哪些途径进行自我保护？

7.1.6 学习手札

7.2 防范信息系统恶意攻击

在数字时代的大潮中，信息安全如同一座坚不可摧的堡垒，守护着我们日常生活的方方面面——从个人隐私到国家基础设施的安全。然而，随着技术的进步，网络空间中的威胁也在不断进化，恶意攻击者利用各种手段试图入侵我们的系统，窃取敏感信息，甚至破坏关键服务。因此，了解如何防范这些攻击，不仅是为了保护自己，也是为了维护整个社会的信息安全。

我们将一起踏上一段重要的旅程，探索那些隐藏在网络背后的秘密。我们将揭开黑客的面纱，学习他们使用的工具和技术；同时，也掌握那些至关重要的防御措施，包括但不限于密码学的基础知识、防火墙的应用、入侵检测系统的工作原理以及如何建立一个安全意识文化。通过这门课程，希望每一位参与者都能成为维护网络安全的一分子，为构建更加安全的网络环境贡献自己的力量。

7.2.1 目标导航

(1) 认识常见信息系统恶意攻击的形式和特点；

（2）初步掌握信息系统安全保护的常用技术方法；
（3）了解网络安全等级保护和数据安全等相关的信息安全制度和标准；
（4）能够保护个人信息和数据安全。

7.2.2　知识图谱

具体如图 7.3 所示。

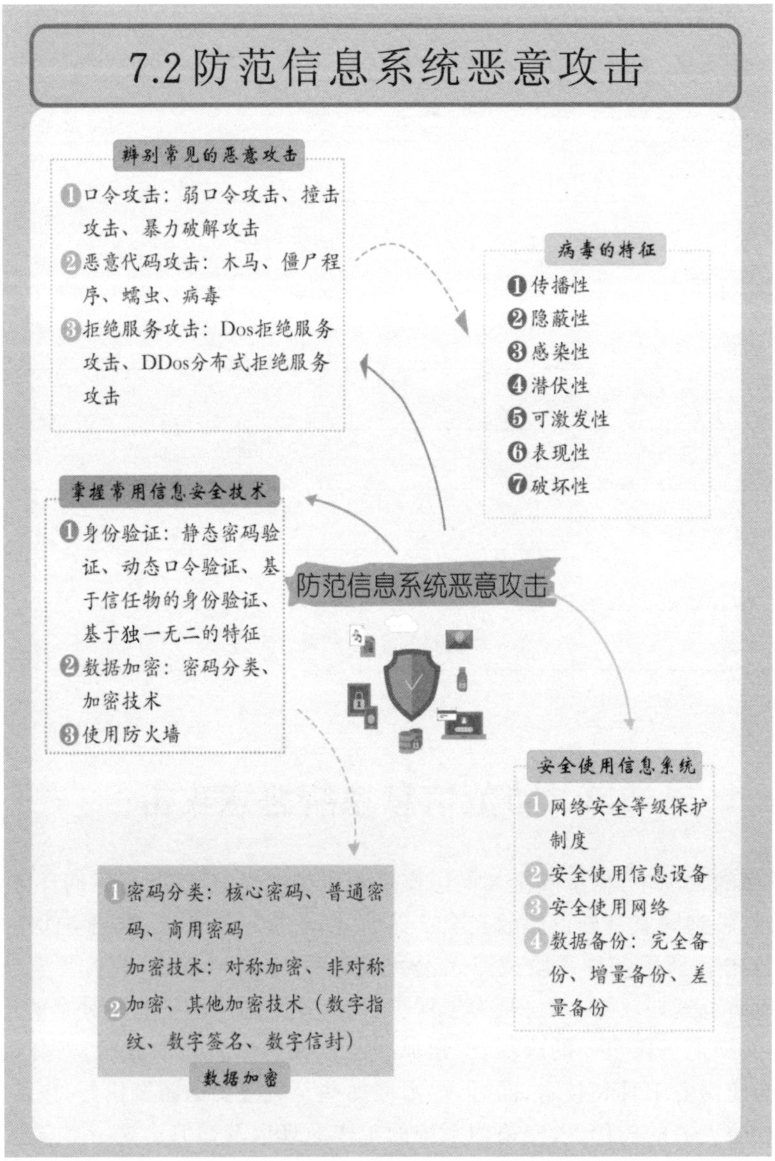

图 7.3　知识图谱——防范信息系统恶意攻击

7.2.3 必备知识清单

具体见表 7.7 至表 7.9。

表 7.7 辨别常见的恶意攻击

<table>
<tr><th>知识点</th><th colspan="4">具体内容</th></tr>
<tr><td rowspan="6">口令攻击</td><td colspan="4">黑客通过特殊手段获取系统管理员或其他特殊用户的口令(账号和密码),获得系统的管理权,窃取系统信息、磁盘中的文件甚至对系统进行破坏</td></tr>
<tr><td rowspan="5">攻击方法</td><td colspan="3">弱口令攻击</td></tr>
<tr><td colspan="3">撞库攻击</td></tr>
<tr><td colspan="3">暴力破解攻击</td></tr>
<tr><td colspan="3">木马程序</td></tr>
<tr><td colspan="3">键盘记录程序</td></tr>
<tr><td rowspan="21">恶意代码攻击</td><td colspan="4">恶意代码是指在未经授权的情况下,在信息系统中安装、执行以达到不正当目的的代码</td></tr>
<tr><td rowspan="20">常见恶意代码</td><td rowspan="7">木马</td><td>盗号木马</td><td rowspan="7">木马是以盗取用户个人信息,甚至是远程控制用户计算机为主要目的的恶意代码</td></tr>
<tr><td>网银木马</td></tr>
<tr><td>窃密木马</td></tr>
<tr><td>远程控制木马</td></tr>
<tr><td>流量劫持木马</td></tr>
<tr><td>下载者木马</td></tr>
<tr><td>其他木马</td></tr>
<tr><td rowspan="4">僵尸程序</td><td>IRC 僵尸程序</td><td rowspan="4">僵尸程序是用于构建大规模攻击平台的恶意代码</td></tr>
<tr><td>HTTP 僵尸程序</td></tr>
<tr><td>P2P 僵尸程序</td></tr>
<tr><td>其他僵尸程序</td></tr>
<tr><td colspan="2">蠕虫</td><td>蠕虫是指能自我复制和广泛传播,以占用系统和网络资源为主要目的的恶意代码</td></tr>
<tr><td rowspan="8">病毒</td><td colspan="2">病毒是通过感染计算机文件进行传播,以破坏或篡改用户数据,影响信息系统正常运行为主要目的的恶意代码</td></tr>
<tr><td rowspan="7">特征</td><td>传播性</td></tr>
<tr><td>隐蔽性</td></tr>
<tr><td>感染性</td></tr>
<tr><td>潜伏性</td></tr>
<tr><td>可激发性</td></tr>
<tr><td>表现性</td></tr>
<tr><td>破坏性</td></tr>
</table>

续表7.7

知识点	具体内容		
拒绝服务攻击	Dos 攻击	一对一	向某一目标信息系统发送密集的攻击包，或执行特定攻击操作，以期致使目标系统停止提供服务
	DDos 攻击	多对一或多对多	利用多个计算机联合起来作为攻击平台，对一个或多个目标发动攻击，从而成倍地提高拒绝服务攻击的威力

表 7.8　掌握常用信息安全技术

知识点	主要内容		
身份验证	静态密码验证	以用户名及密码验证，这是最简单、最常用的身份验证方法	
	动态口令验证	包括动态短信密码和动态口令牌（卡）两种方式，口令一次一密，是应用最广的身份验证方式之一	
	基于信任物的身份验证	如智能卡、门禁卡、U 盾（USBKey）、数字证书等	
	基于独一无二的特征	如人脸、指纹、声纹、虹膜、掌纹等生物特征的身份验证	
	双因子验证	为了达到更高的身份验证安全性，某些场景会通过组合两种不同方式来验证一个人的身份	
数据加密	加密	通过加密算法和加密密钥将明文转换为密文，这是对信息进行保护的一种最可靠的办法	
	解密	解密是通过解密算法和解密密钥将密文恢复为明文	
	密码	密码在早期仅对文字或数码进行加密和解密，随着技术的发展，对语音、图、数据等都可实施加密和解密变换	
		分类管理	核心密码
			普通密码
			商用密码
	信息加密技术提供的信息安全服务	维持信息机密性	
		交换敏感信息时能确认对方的真实身份	
		保持信息完整性	
		用于抗抵赖	
	加密技术	对称加密	
		非对称加密	
		数字指纹	
		数字签名	
		数字信封	
		安全认证协议	
		数字隐藏技术	

续表7.8

<table>
<tr><th>知识点</th><th colspan="3">主要内容</th></tr>
<tr><td rowspan="8">使用防火墙</td><td colspan="3">防火墙是设置在内部网络与外部网络之间，用于隔离、限制网络互访从而保护内部网络的系统设施</td></tr>
<tr><td rowspan="3">基本功能</td><td colspan="2">限制未授权的用户进入内部网络，过滤不安全的服务和非法用户</td></tr>
<tr><td colspan="2">防止入侵者对系统的访问</td></tr>
<tr><td colspan="2">限制内部用户访问特殊站点</td></tr>
<tr><td rowspan="4">分类</td><td rowspan="3">软件防火墙（一般应用于家庭或个人）</td><td>专门软件</td></tr>
<tr><td>共享软件</td></tr>
<tr><td>免费软件</td></tr>
<tr><td colspan="2">硬件防火墙（一般应用于企业）</td></tr>
</table>

表7.9　安全使用信息系统

<table>
<tr><th>知识点</th><th colspan="3">主要内容</th></tr>
<tr><td rowspan="23">网络安全等级保护制度</td><td colspan="3">通过制定统一的规范和标准，以保障网络免受干扰、破坏或者未经授权的访问，防止网络数据泄露或者被窃取、篡改</td></tr>
<tr><td rowspan="6">保护对象</td><td colspan="2">基础信息网络</td></tr>
<tr><td colspan="2">工业控制系统</td></tr>
<tr><td colspan="2">云计算平台</td></tr>
<tr><td colspan="2">物联网</td></tr>
<tr><td colspan="2">移动互联网络</td></tr>
<tr><td colspan="2">大数据</td></tr>
<tr><td rowspan="5">安全保护等级</td><td colspan="2">安全通用要求</td></tr>
<tr><td colspan="2">云计算安全扩展要求</td></tr>
<tr><td colspan="2">移动互联安全扩展要求</td></tr>
<tr><td colspan="2">物联网安全扩展要求</td></tr>
<tr><td colspan="2">工业控制系统安全扩展要求</td></tr>
<tr><td rowspan="10">安全通用要求</td><td rowspan="5">技术要求</td><td>安全物理环境</td></tr>
<tr><td>安全通信网络</td></tr>
<tr><td>安全区域边界</td></tr>
<tr><td>安全计算环境</td></tr>
<tr><td>安全管理中心</td></tr>
<tr><td rowspan="5">管理要求</td><td>安全管理制度</td></tr>
<tr><td>安全管理机构</td></tr>
<tr><td>安全管理人员</td></tr>
<tr><td>安全建设管理</td></tr>
<tr><td>安全运维管理</td></tr>
<tr><td>数据保护制度</td><td colspan="2">分类分级保护制度</td></tr>
</table>

续表7.9

知识点	主要内容
安全使用信息设备	选用合适的集病毒查杀、防火墙、漏洞修复、访问控制等功能于一体的安全软件，及时更新，定期查杀
	开启操作系统和应用软件的自动更新设置，及时安装补丁程序，修复漏洞。设置重要的安全策略，关闭不必要的服务，关闭网络发现，安全谨慎地设置计算机共享资源
	从正规商家或官方网站购买或下载软件，不使用盗版软件。不允许安装未知来源的应用程序，不在手机 USB 调试模式下安装应用程序。不随便使用不明来源的移动硬盘、U 盘等存储介质，使用前要查杀木马和病毒
	不随意扫描二维码，警惕“电子密码失效”“银行升级”等异常内容的短信，不随意打开异常链接。不随意打开电子邮件中的不明附件，需要打开时先用安全软件查杀恶意代码
	及时加密，设置锁屏密码、丢失追踪，给重要应用程序设置应用锁。相册里不存放身份证及银行卡照片。安装手机、平板电脑应用程序时要注意权限说明，非必要时拒绝获取发送和读取短信、读取联系人、监听电话等权限。旧手机、计算机等信息设备报废时要进行格式化、清除用户数据、恢复出厂配置等，必要时用专业软件进行处理
安全使用网络	使用无线网络时，尽量选择正规机构提供的、有验证机制的 WiFi。要关闭手机自动接入 WiFi 的功能，慎用蹭网软件，避免接入恶意 WiFi
	家庭无线网络要设置无线路由的密码保护，使用 WPA2 方式加密，使用较为复杂的 WiFi 网络接入密码并定期更换。禁用 WiFi 保护设置快速连接功能，及时修改路由器管理界面登录密码，设置防火墙，隐藏服务集标识符(SSID)，绑定 MAC 地址
数据备份	完全备份
	增量备份
	差量备份
	“两地三中心”容灾备份

7.2.4　典型例题

【例 1】“AV 终结者”能影响大量的杀毒软件和防火墙的正常监控和保护功能，严重威胁用户的信息安全，这主要体现了这种计算机病毒的(　　)特性。

A.破坏性　　B.寄生性　　C.潜伏性　　D.传染性

【答案】A

【解析】本题主要考查学生对病毒特性的理解，题目中指出严重威胁用户的信息安全，则体现的是病毒的破坏性。

【例 2】下面关于计算机病毒传播途径的说法，不正确的是(　　)。

A.使用来路不明的软件　　B.通过借用他人的软盘

C.通过非法的软件拷贝　　D.通过把多软盘叠放在一起

【答案】D

【解析】计算机病毒主要通过电子媒介传播，如使用未经验证的软件、非法拷贝软件或共享存储介质(如软盘)。但是,仅仅将多个软盘物理上叠放在一起并不会导致病毒传播。病毒需要通过读写操作才能从一个存储介质传播到另一个存储介质。

7.2.5 综合提升训练

7.2.5.1 选择题

(1)(　　)是信息安全面临的最大威胁。

A.恶意攻击　　B.口令攻击

C.病毒　　D.拒绝服务攻击

(2) 口令攻击的方式包括(　　)。

A.弱口令攻击　　B.撞库攻击

C.利用暴力破解攻击　　D.以上都是

(3) 下列关于口令攻击的描述正确的是(　　)。

A.黑客一般不会破坏窃取到的信息

B.被口令攻击过的账号和密码会被黑客篡改

C.注册新账号时,采用大小写+特殊字符+数字的密码形式比较安全

D.黑客都是通过远端系统获取账号和密码

(4) 常见的计算机恶意代码有(　　)。

A.木马　　B.僵尸程序

C.蠕虫和病毒　　D.以上都是

(5)(　　)是通过感染计算机文件进行传播,以破坏或篡改用户数据,影响信息系统正常运行为主要目的的恶意代码。

A.木马　　B.僵尸程序　　C.蠕虫　　D.病毒

(6) 联网智能设备恶意代码及其变种产生的主要危害,包括用户信息和设备数据泄露、硬件设备遭控制和破坏、被用于(　　)或其他恶意攻击行为等。

A.木马　　B.僵尸程序　　C.DDos 攻击　　D.病毒

(7) 以下不是计算机病毒的特点的是(　　)。

A.传播性　　B.破坏性　　C.潜伏性　　D.可恢复性

(8) 下列关于加密技术和密码的说法中正确的是(　　)。

A.我国将密码分为一般密码、商用密码和高级密码

B.SD 卡不可加密

C.目前中国量子加密技术处于世界领先水平

D.密码的加密密钥一般和解密密钥相同

(9) 以下不属于信息系统安全防范常用技术方法的是(　　)。

A.密码及加密技术　　B.防火墙

C.恶意程序(代码)防护技术　　D.任命安全管理专员

(10) 以下符合保护个人信息安全的行为有(　　)。

A.小红使用 QQ 软件聊天时,总是通过陌生人的好友申请

B.小张每次设置好复杂的密码后总是忘记密码,然后通过邮箱等方式找回

C.小潘从不接已被他人拉黑或标记可疑的陌生电话

D.小王总是把自己的微博当作日记本,图文并茂地记录生活中的琐事

(11) 进行一次完全备份后,每次只对新的或被修改过的数据进行备份,这样的备份方式称为(　　)。

A.完全备份　　B.增量备份　　C.差量备份　　D.覆盖备份

(12) 下列关于计算机病毒的叙述中,正确的是(　　)。

A.使用正版软件的计算机不会感染计算机病毒

B.感染了病毒的计算机在使用时可能无任何症状

C.没有连接到 Internet 的计算机不会感染计算机病毒

D.安装了正版杀毒软件的计算机可以完全避免感染计算机病毒

(13) 下面列出的计算机病毒传播途径,不正确的说法是(　　)。

A.使用来路不明的软件　　B.通过借用他人的软盘

C.通过非法的软件拷贝　　D.通过把多软盘叠放在一起

(14) 网络安全策略不包括(　　)。

A.病毒防范　　B.备份和灾难恢复计划

C.网络升级　　D.网络安全规章制度的建立

(15) 为保障网络安全,防止外部网对内部网的侵犯,多在内部网络与外部网络之间设置(　　)。

A.密码认证　　B.入侵检测　　C.数字签名　　D.防火墙

(16) 数字加密的主要目的是什么?(　　)。

A.增加数据传输速度　　B.提高数据存储效率

C.保护数据隐私和完整性　　D.减少数据占用空间

(17) 我国将密码分为哪几类?(　　)。

A.一般密码、商用密码、高级密码　　B.核心密码、普通密码、商用密码

C.军用密码、民用密码、商用密码　　D.国家密码、地方密码、个人密码

(18) 信息加密技术主要提供的信息安全服务不包括以下哪项?(　　)。

A.保密性　　B.完整性　　C.可用性　　D.不可否认性

(19) 防火墙的三种基本功能不包括以下哪项?(　　)。

A.过滤进出网络的数据包　　B.记录网络活动日志

C.拒绝未授权的访问　　D.提供病毒扫描

(20) 下列哪种防火墙类型不是基于其工作原理分类的?(　　)。

A.包过滤型防火墙　　B.应用代理型防火墙

C.状态检测型防火墙　　D.硬件防火墙

(21) 如何使用 Windows 自带的杀毒软件 Windows Defender?(　　)。

A.自动更新病毒库　　B.定期手动扫描

C.关闭实时保护　　D.禁用云保护

(22) 正确获取信息的方式不包括以下哪项?(　　)。

A.从官方渠道获取　　B.通过合法途径下载

C.从未经验证的网站下载　　D.使用正版软件

(23) 一个安全的计算环境应该具备哪些特点?(　　)。

A.强大的防火墙　　B.定期更新的防病毒软件
C.安全的数据备份　　D.开放所有端口

(24) 如何防止失误带来的信息安全事故？(　　)。
A.定期备份数据　　B.使用复杂密码
C.不随意点击链接　　D.以上都是

(25) 接入网络时需要注意什么？(　　)。
A.使用公共 WiFi　　B.确保网络连接安全
C.随意点击弹出窗口　　D.不安装防病毒软件

(26) 如何防范钓鱼攻击？(　　)。
A.不轻易点击不明链接　　B.输入个人信息前确认网站的真实性
C.使用复杂的密码　　D.以上都是

(27) 数据备份的意义是什么？(　　)。
A.防止数据丢失　　B.提高数据访问速度
C.减少存储空间　　D.以上都不是

(28) 以下哪种数据备份策略最能保证数据的完整性？(　　)。
A.完全备份　　B.增量备份　　C.差异备份　　D.快照备份

(29) 简单的备份指的是什么？(　　)。
A.复制文件到另一个位置　　B.创建数据镜像
C.使用专业备份软件　　D.以上都不是

(30) 如何备份 Edge 浏览器的收藏夹？(　　)。
A.在设置中导出收藏夹　　B.手动复制收藏夹文件夹
C.使用第三方备份工具　　D.以上都是

7.2.5.2 填空题

(1) 计算机病毒实际上是人为制成的具有破坏性的________。

(2) ________是以盗取用户个人信息，甚至是远程控制用户计算机为主要目的的恶意代码。

(3) 计算机病毒具有传播性、________、感染性、________、________、表现性或破坏性等特征。

(4) DDos 主要有针对________的流量攻击和主要针对________的耗尽攻击。

(5) 我国将密码分为________、________和________。

(6) 数据加密技术是将________转换为________，然后再________或________，从而起到保护信息安全的作用。

(7) 信息加密技术主要提供的信息安全服务包括：________、________、________、________。

(8) ________常用来作为信息系统进行身份验证的一种手段，借助它可以确定合法授权的用户能够访问系统中的哪些资源。

(9) 病毒是通过________进行传播，以________或________影响信息系统正常运行为主要目的的恶意代码。

(10) 为了达到更高的身份验证安全性，某些场景会通过组合两种不同方式来验证个人的身份,称为____________。

(11) 防火墙是设置在内部网络与外部网络之间,用于隔离、限制____________从而保护____________的系统设施。

(12) 根据不同的需要,防火墙的功能有较大差异,但一般包括以下三种基本功能:____________、____________、____________。

(13) 保护信息安全,除了要掌握高超的信息安全技术,还需要周全的____________、完善的____________。

(14) 安全保护等级分为 5 级。每级的安全要求包括____________、____________、____________、____________和____________。

(15) 根据需要,对信息系统的备份可分为以下三种策略。

① ____________:针对系统中某个时间点的数据,完整地进行备份。

② ____________:进行一次完全备份后,每次只对新的或被修改过的数据进行备份。

③ ____________:进行一次完全备份后,每次只备份与首次备份发生变化的数据。

7.2.5.3 判断题

(　　)(1) 口令攻击通常是指黑客尝试破解或猜测用户的密码以获取未经授权的访问权限。

(　　)(2) 双因素认证可以完全防止口令攻击。

(　　)(3) 在信息社会中,信息资源的共享不应该有任何限制。

(　　)(4) 对计算机中的文件进行加密,可以防止计算机感染病毒。

(　　)(5) 计算机病毒、黑客攻击、数据存储介质损坏和个人失误都是威胁数据安全的因素。

(　　)(6) 新买的电脑在第一次使用时,一定要先对操作系统进行安全漏洞修补,这样就可以保证电脑永远不会出现操作系统的安全隐患。

(　　)(7) 身份认证是保护信息系统安全的第一道防线,用来防止未授权的用户私自访问系统。

(　　)(8) 为防止信息系统被攻击,可以采用数字签名、数字水印等技术对数据进行加密。

(　　)(9) 网络安全策略包括病毒防范、数据备份和灾难恢复计划及网络安全规章制度的建立。

(　　)(10) 我国将密码分为核心密码、普通密码和商用密码三类。

(　　)(11) 信息加密技术主要提供保密性、完整性和可用性服务。

(　　)(12) 中国量子加密技术在全球处于领先水平。

(　　)(13) 防火墙是一种网络安全策略,可以是硬件设备也可以是软件工具。

(　　)(14) 防火墙的主要功能包括过滤进出网络的数据包、记录网络活动日志和拒绝未授权的访问。

(　　)(15) 安全通用要求主要包括物理安全、网络安全、主机安全、应用安全、数据安全等方面。

(　　)(16) 定期备份数据可以防止因误操作导致的信息安全事故。

(　　)(17) 数据备份的主要意义在于防止数据丢失。

（　　）(18) 完全备份会备份所有数据，因此是最能保证数据完整性的策略。

（　　）(19) 同城双中心是指在同一城市内建立两个数据中心，以提高可用性。

（　　）(20) 防火墙可以完全防止所有类型的网络攻击。

7.2.5.4　综合实践

(1) 任务一

① 设置不易破解的密码

众所周知，越简单的密码越容易被破解。那么，什么样的密码不容易被破解呢？

以下是密码设置的几条建议。

a. 长度不少于 8 个字符。例如，“e7＃Yxnig”“e7＃Y”这两个密码相比，显然前者的安全系数远高于后者。

b. 混合使用小写字母、大写字母、数字和特殊字符。例如，“Coi8Q％yD”的安全系数比单纯使用数字“51086731”或单纯使用字母“CoimwAyD”高得多。

c. 不使用跟本人相关的字词或日期。例如，姓名、出生日期、手机号、登录名等。

d. 发现可疑情况及时更换密码。当怀疑有可疑人员获取了您的密码，或者当付款账户、电子邮件账户或其他在线账户发现了可疑情况，或者在系统中发现并删除了恶意软件时，需立即更改密码、识别码和密码提示问题等。

根据以上建议设置的密码符合密码复杂性要求，不易被破解，这一类密码称为强密码。那么，密码是越复杂越好吗？如果设置的密码虽然别人不易破解，但是自己也记不住，就失去了设置密码的意义。因此，设置密码既要复杂，又要便于记忆，可以通过键盘错位、谐音、变形等方法来实现。

请根据以上方法，尝试给自己编写几个既复杂又容易记忆的密码。

____

____

② 案例分析

2021 年 5 月 10 日，市民齐某报警称，自己在 QQ 群内，点击了一位网友发出的链接。仅仅几分钟后，QQ 就下线了，自己当时并不在意，只是进行了重新登录。然而很快，齐某的微信号也被下线。当齐某通过手机重新设置微信密码，才发现在微信下线的时间内，有几位亲朋好友陆续被骗，转走了数额不等的款项。

民警随即进行了调查取证，复盘了嫌疑人作案过程：嫌疑人先是通过在 QQ 群内发布木马病毒链接，随机盗取受骗人 QQ 号密码，再尝试用 QQ 号登录微信。当登录成功后，嫌疑人便向受骗人好友群发信息，以“帮忙借款给某朋友”的话术，骗好友们转账至陌生账号。由于微信上大多是至亲好友，不少人没有丝毫怀疑，立即就转款了，被骗取的金额高达 17 万元。

请同学们分析上述案例，进行小组讨论，并回答以下几个问题：

a. 被诈骗人遭受了哪种类型的恶意攻击？

b. 生活中我们应该如何防范这种恶意攻击？

____

____

(2) 任务二

① 使用系统自带杀毒软件

Windows Defender 是 Windows 10 自带的杀毒软件,可以对系统进行实时监控,能扫描设备上正在运行的程序,以抵御电子邮件、应用程序、云和 Web 上的病毒,以及恶意软件和间谍软件等威胁。

a. 扫描计算机

单击"开始"→"设置"→"Windows 安全中心"按钮,打开"Windows 安全中心"窗口,再单击左侧导航栏中"病毒和威胁防护"选项,可以查看"当前威胁""病毒和威胁防护设置""病毒和威胁防护更新""勒索软件防护"等方面的现状。单击"扫描选项",可选择"快速扫描""完全扫描""自定义扫描"等扫描方式,也可以直接单击"快速扫描"按钮,对计算机进行扫描。

b. 开启防火墙

在"Windows 安全中心"窗口左侧导航栏中,单击"防火墙和网络保护"选项查看防火墙开启情况。单击"打开"按钮,开启防火墙。

请根据以上方法,尝试在电脑上扫描计算机并且开启防火墙。

② 案例分析

××金融 APP 被曝获取用户隐私

2019 年 2 月 16 日凌晨,一网友在微博发布视频,称××金融 APP 疑似会获取用户的截图和照片并上传。××金融 APP 方随后回应称,图片缓存为方便客户投诉或建议使用,不会上传至××金融后台,不会未经允许获取手机用户隐私。

该微博网友发布的视频显示,××金融 APP 在手机后台运行期间,该网友打开手机中的一个银行 APP 并进行了页面截图。随后,该网友在手机文件管理器中,打开××金融 APP 的文件目录,在一个文件夹中找到了刚刚保存的银行 APP 页面截图。不久后,该网友再次发布一个视频显示,××金融 APP 在手机后台运行期间,用手机其他应用拍摄照片,也在××金融 APP 的文件目录中找到。该网友发布视频之后,多位网友使用同样的操作,也得到相似的结果。

上述事件在微博平台获得广泛关注,2 月 17 日,"××金融客服"官方发布声明,称图片缓存为方便客户投诉或建议使用,不会上传至××金融 APP 后台,不会未经允许获取手机用户隐私。经排查发现安卓系统上的 APP5.0.5 以后版本存在该问题,并已下线修复,该功能属于需求错误开发。

请同学们阅读分析上述案例,并且以小组讨论方式回答以下问题:

a. ××金融 APP 遭受了哪种类型的恶意代码攻击?

b. 我们应该如何保护自己移动设备上存储的隐私信息?

(3) 任务三

备份个人数据

在日常使用计算机过程中,难免会出现因操作失误或系统故障而导致数据丢失的现象。

为此，我们要养成备份数据的好习惯，保护数据，免受意外带来的损失。

简单的备份是将计算机存储设备中的数据复制到其他存储设备中，如移动硬盘或网盘。需要备份的数据一般包括自己编辑或积累的文档、照片、视频、收藏夹等。其中，收藏夹用于记录个人经常浏览的网站链接，一旦丢失，需要花费较长的时间才能重新找回喜爱的所有网站信息。下面以 Edge 浏览器为例，介绍如何备份收藏夹。

a. 导出收藏夹

打开浏览器，导出收藏夹，默认是以日期命名的 HTML 文件，操作步骤如图 7.4 所示。这就完成了收藏夹备份。

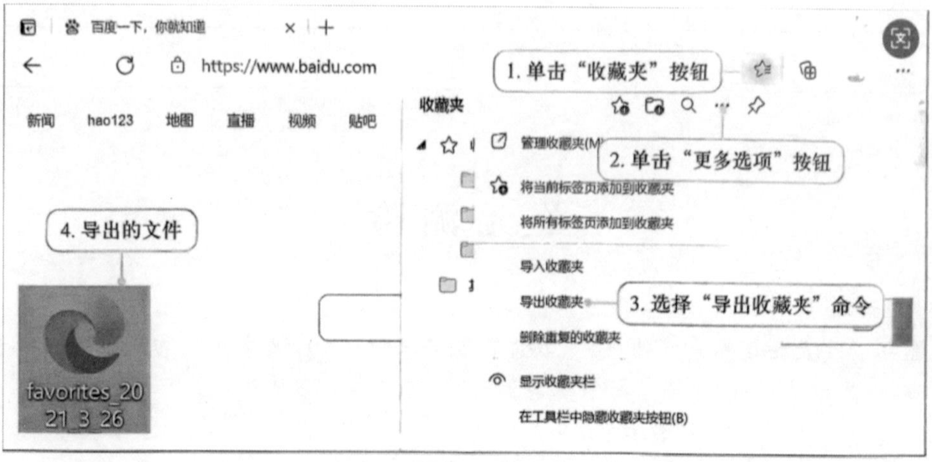

图 7.4　导出收藏夹

b. 导入收藏夹

打开浏览器，导入收藏夹，选择前面导出的 HTML 文件，操作步骤如图 7.5 所示，就可以将备份的收藏夹导入新的浏览器。

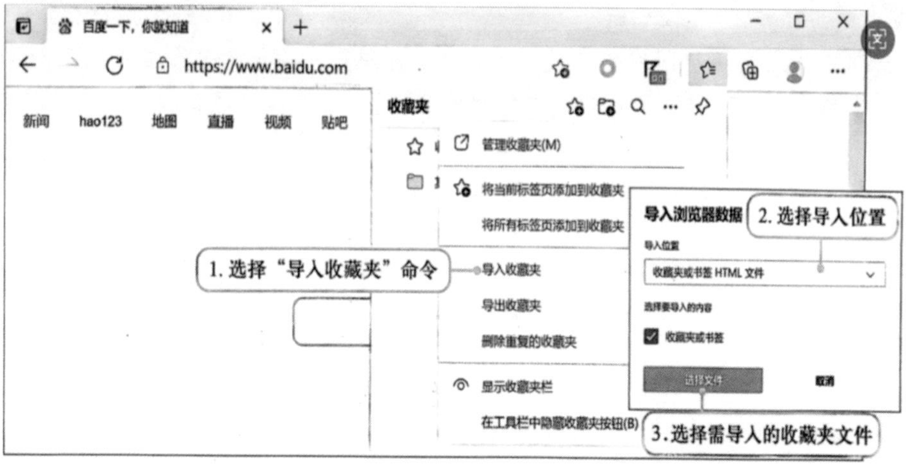

图 7.5　导入收藏夹

请同学们在电脑上实践上述操作。

7.2.6 学习手札

____

____

____

____

____

____

单元测验

一、选择题

1. 信息安全是指信息系统的硬件、软件以及相关(　　),使之不因为偶然或者恶意侵犯而遭受破坏、更改及泄露,保证信息系统能够连续、可靠和正常地运行。

A.信息　　B.资源　　C.资料　　D.数据

2. 以下哪种情况不属于人为因素导致的信息安全风险?(　　)。

A.人为失误　　B.恶意攻击

C.系统漏洞和错误　　D.自然灾害

3. 人为因素的恶意攻击,是通过各种方式破坏或攻击信息系统而达成目的的,下列选项中属于被动攻击的是(　　)。

A.篡改　　B.中断　　C.截获　　D.伪造

4. 制定《中华人民共和国网络安全法》是为了保障(　　),维护网络空间主权和国家安全、社会公共利益,保护公民、法人和其他组织的合法权益,促进经济社会信息化健康发展。

A.网络自由　　B.网络速度　　C.网络安全　　D.网络信息

5. 国家坚持网络安全与信息化发展并重,遵循积极利用、科学发展、(　　)、确保安全的方针。

A.全面规划　　B.依法管理　　C.安全有效　　D.重点突出

6. 根据《中华人民共和国个人信息保护法》,处理个人信息应当遵循的原则不包括(　　)。

A.合法原则　　B.正当原则　　C.必要原则　　D.公开原则

7. 学习法律法规是树立个人信息保护意识的有效途径,请问学习法律法规有助于增强我们的什么意识?(　　)。

A.权限管理意识　　B.法律法规意识

C.技术研发意识　　D.自主可控意识

8. 以下哪一项措施不能有效提高信息系统的安全性?(　　)。

A.定期更新操作系统和应用程序的安全补丁

B.使用复杂的密码策略

C.停止所有外部网络连接

D.对员工进行安全意识培训

9. 以下哪一项措施可以有效防止数据泄露？（　　）。

A.不使用数据加密　　B.不备份重要数据

C.使用数据加密和备份　　D.不限制数据访问权限

10. 以下哪一项措施可以有效防止物理安全威胁？（　　）。

A.不使用物理安全设施　　B.不监控数据中心

C.不限制数据中心的访问　　D.使用物理安全设施和监控

11. 以下哪一项措施可以有效防止网络钓鱼攻击？（　　）。

A.不验证邮件来源　　B.不使用反钓鱼工具

C.教育用户识别钓鱼邮件　　D.不更新安全软件

12. 在使用微信时，以下哪一项可能会有个人信息泄露的隐患？（　　）。

A.朋友圈设置仅三天可见

B.使用真实姓名作为微信号的名称

C.不向陌生人发自己的照片

D.跟陌生人使用打字聊天

13. 在使用微博时，以下哪项行为是可取的？（　　）。

A.看见有人高价收购账号，把自己的账号卖给他

B.跟陌生人聊天时，尽量避免透露实际地址

C.疯狂参与三无小号的抽奖

D.点击不认识的账号发出的未知链接

14. 在社交平台上看到有人在吵架辱骂和发表不当言论，正确的做法是（　　）。

A.面对过激语言，善用举报功能

B.参与其中，逮谁骂谁

C.阴阳怪气回应

D.叫朋友来一起吵架

15. 上网冲浪时，我们应该注意和做到什么？（　　）。

A.别人说什么都要抬杠

B.看见别人网暴，转发参与其中跟着一起吵架

C.不承认人的差异性，看见自己不喜欢的东西就举报

D.网络并非法外之地，发言要时刻保持谨慎

16. 下列哪项不是常见的身份验证方式？（　　）。

A.口令验证　　B.生物特征识别

C.硬件令牌　　D.邮件验证

17. 人脸识别属于信息系统安全保护的（　　）的常用技术方法。

A.身份验证　　B.口令验证　　C.数据加密　　D.密码验证

18. 一般来讲，用户身份鉴别是通过（　　）完成的。

A.口令验证　B.审计策略　C.存取控制　D.查询功能

19. 作为个人,保护信息安全不应该(　　)。

A.增强安全意识　B.数据备份

C.安全使用网络　D.使用翻墙软件访问外网

20. 信息安全领域内最关键和最薄弱的环节是(　　)。

A.技术　B.策略　C.管理制度　D.人

21. 网络安全策略不包括(　　)。

A.病毒防范　B.备份和灾难恢复计划

C.网络升级　D.网络安全规章制度的建立

22. 下列哪项不是有效的密码策略?(　　)。

A.使用长密码　B.包含大小写字母

C.定期更换密码　D.使用个人相关信息(如生日等)

23. 什么是双因子认证?(　　)。

A.两种不同的密码组合　B.密码加上生物特征识别

C.密码加上一次性验证码　D.两个不同的人输入密码

24. 以下哪项不是保护密码免受口令攻击的有效方法?(　　)。

A.设置复杂密码　B.在多个服务中使用同一密码

C.开启两步验证　D.定期更新密码

25. 如何解密已加密的数据?(　　)。

A.使用相同的加密算法　B.使用相应的解密密钥

C.通过暴力破解　D.无需解密,直接使用

26. 密码在早期的作用是什么?(　　)。

A.数据加密　B.身份验证　C.数据压缩　D.数据传输

27. 信息加密技术主要提供的信息安全服务不包括以下哪项?(　　)。

A.保密性　B.完整性　C.可用性　D.不可否认性

28. 中国量子加密技术目前在全球处于什么地位?(　　)。

A.初级阶段　B.中等水平　C.领先水平　D.落后水平

29. Windows Defender 的特点不包括以下哪项?(　　)。

A.实时保护　B.云保护　C.免费使用　D.收费服务

30. 防火墙的概念是什么?(　　)。

A.一种物理屏障　B.一种网络设备

C.一种软件工具　D.一种网络安全策略

二、填空题

1. 信息安全是指__________的硬件、软件及相关__________,使之不因偶然或恶意侵犯而遭受破坏、更改和泄露,保证信息系统能够连续、可靠、正常地运行。

2. 信息安全的基本属性包括:完整性、__________、可用性、__________和不可否认性。

3. 自然灾害、__________和人为因素是信息系统安全面临的主要威胁。

4. 人为因素是网络和信息系统安全的最大威胁,分为恶意攻击和__________。

5. 保证运行系统安全、____________和网络社会的整体安全，对整个社会的网络化和信息化建设提供基础性的安全保障，是信息化社会国家安全的基石。

6. 信息安全是指保护信息和信息系统，使其免受____________、____________、____________，确保信息的保密性、完整性和可用性。

7. 可能会对信息系统的安全造成威胁的自然灾害有____________、____________等。

8. 僵尸程序可进一步分为____________、____________、____________和其他僵尸程序。

9. 动态口令验证包括____________和____________两种方式。

10. 恶意代码是指在____________的情况下，在信息系统中安装、执行以达到不正当目的的代码。

11. 木马可进一步分为：____________、____________、____________、____________、____________、下载者木马和其他木马。

12. 拒绝服务(Dos)攻击是向某一目标信息系统发送____________，或____________，以期致使目标系统停止提供服务。

13. 身份验证主要有以下几种方式：

①____________；②____________；③____________；④____________。

14. 安全通用要求可细分为____________和____________。

15. 防火墙是设置在内部网络与外部网络之间，用于隔离、限制____________从而保护____________的系统设施。

三、判断题

(　　)1. 当你收到一条短信，仔细查看发信人，如果发信人是10086，则一定是移动公司发送的。

(　　)2. 某学校机房在一场意外中着火，数据中心直接被毁属于恶意攻击。

(　　)3. 张同学发现安全软件提醒自己的计算机有系统漏洞后，不予理睬，继续使用计算机。

(　　)4. 黑客经常利用软件和系统的安全漏洞，达到入侵网站的目的。

(　　)5. 如果采用正确的用户名和口令成功登录网站，则证明这个网站不是仿冒的。

(　　)6. 采用多种技术和管理手段，可以保证信息系统绝对安全。

(　　)7.《中华人民共和国个人信息保护法》规定，处理个人信息应当遵循合法、正当、必要原则。

(　　)8. 弱口令指的是容易被猜测或通过暴力破解的密码。

(　　)9. 双因子验证可以完全防止所有类型的攻击。

(　　)10. 对称加密使用相同的密钥进行加密和解密。

(　　)11. 关闭 Windows Defender 的实时保护会提高系统的安全性。

(　　)12. 从未经验证的网站下载信息是正确的获取信息方式。

(　　)13. 接入网络时，应确保网络连接的安全性，避免使用不安全的公共 WiFi。

(　　)14. 我国的网络安全等级保护制度中，一级是最高等级。

(　　)15. 使用复杂的密码可以有效防止所有的口令攻击。

四、单元综合实训

1. 小王接到爸爸电话,说他的手机丢了,小王应该怎么做才能保证爸爸和家人的信息安全得到及时补救,才不会有泄露隐患?

____

____

____

2. 小明发现自己的社交媒体账号被黑客通过口令猜测的方式成功入侵。为了防止此类事件再次发生,请为小明提供至少三条关于如何正确设置和使用密码的建议。

____

____

____

3. 小华最近安装了一个免费的音乐播放器软件,但不久之后发现电脑运行速度明显变慢,还经常无故弹出广告窗口。请分析小华可能遭遇了哪种类型的恶意代码攻击,并提出两种预防措施。

____

____

____

4. 小赵使用的是 Windows 10 操作系统,最近听说很多电脑因为病毒和恶意软件的攻击而出现问题。为了确保自己的电脑安全,她决定使用 Windows Defender 进行一次全面的系统扫描。请描述操作步骤,并记录每一步的操作结果。

____

____

____

5. 为了保护电脑免受网络攻击,你需要在自己的 Windows 10 电脑上启用防火墙。请描述操作步骤,并记录每一步的操作结果。

____

____

____

8　未来世界早体验——人工智能初步

本章旨在了解人工智能的发展和应用领域，体验人工智能在生产、生活中的典型应用，正确认知人工智能对个人和社会的影响，为适应智慧社会做好准备。

内容要求

(1) 初识人工智能

了解人工智能的发展和应用，认识人工智能对人类社会发展的影响；

体验人工智能的应用；

了解人工智能的基本原理。

(2) 了解机器人

了解机器人技术的发展与应用。

核心素养目标

具体目标见表 8.1。

表 8.1　核心素养目标

内涵	具体内容
技术基础与实践能力	(1) 能够解释图灵测试、达特茅斯会议等重要事件的意义，理解符号推理、专家系统和深度学习等不同发展阶段的特点。 (2) 能够区分不同类型的机器学习方法，了解其应用场景和基本算法。 (3) 能够列举并解释具体的人工智能应用案例，理解这些技术如何在实际场景中发挥作用。 (4) 了解机器人的发展，知道机器人的应用和分类，能列出机器人的应用案例
逻辑思维与问题解决能力	(1) 能够准确识别和定义问题，理解问题的背景和核心要点。 (2) 能够运用逻辑推理方法，建立解决问题的模型或框架。 (3) 能够提出创新性的解决方案，考虑多方面的因素，如技术可行性、经济成本和伦理影响。 (4)能够运用分类方法，对学习中的问题举一反三进行分类学习

续表8.1

内涵	具体内容
创新意识与实践精神	(1) 鼓励学生在学习过程中提出新颖的想法和观点，能够从不同的角度思考问题，勇于尝试新的解决方案。 (2) 培养学生动手实践的能力，鼓励他们在实际操作中发现问题、解决问题，通过实验和项目来验证理论知识。 (3) 激发学生对人工智能和机器人的持续兴趣，鼓励他们自主学习最新技术和研究成果，不断更新自己的知识体系
职业态度与社会责任感	(1) 培养学生对人工智能领域的专业兴趣和热情，鼓励他们积极探索和学习新知识。 (2) 培养学生终身学习的习惯，鼓励他们不断跟进人工智能领域的最新进展和技术动态。 (3) 培养学生在团队项目中有效沟通和协作的能力，能够合理分配任务并协调团队成员之间的关系。 (4) 培养学生在开发和应用人工智能和机器人技术时遵守伦理规范，尊重用户隐私和数据安全。 (5) 培养学生在设计和应用人工智能和机器人技术时考虑可持续发展和环境保护，减少资源消耗和环境污染。 (6) 培养学生关注人工智能和机器人技术对社会的影响，特别是对就业、教育、医疗等领域的积极和消极影响

8.1　初识人工智能

提到人工智能，人们总是会联想到一些科幻电影中出现的机器人。其实，影视作品中机器人的外形和能力加入了人类对人工智能的很多想象，和现实有很大的区别。那么，人工智能到底是什么呢？

人工智能(Artificial Inteligence，简称 AI)是一门研究、开发用于模拟、延伸和扩展人的智能的理论、方法、技术及应用系统的新的科学与技术。它是计算机科学的一个分支，融合了计算机科学、统计学、脑神经学和社会科学等多个学科的前沿知识。

8.1.1　目标导航

(1) 了解人工智能的发展过程和应用领域，认识其对社会的影响；
(2) 了解人工智能的基本原理；
(3) 体验人工智能在语音控制、图像识别等方面的应用。

8.1.2　知识图谱

具体如图 8.1 所示。

图 8.1 知识图谱——初识人工智能

8.1.3 必备知识清单

具体见表 8.2、表 8.3。

表 8.2 人工智能的诞生、发展和原理

知识点	具体内容
图灵测试	1950 年，计算机科学家艾伦·麦席森·图灵在论文《计算机器与智能》中提出了著名的“图灵测试”。他被称为“人工智能之父”

续表8.2

<table>
<tr><th>知识点</th><th colspan="2">具体内容</th></tr>
<tr><td>人工智能学科的诞生</td><td colspan="2">1956 年，“人工智能”一词在达特茅斯会议上正式提出，标志着人工智能学科的诞生</td></tr>
<tr><td rowspan="3">人工智能的三个发展阶段</td><td>第一阶段</td><td>符号推理时代</td></tr>
<tr><td>第二阶段</td><td>专家系统时代</td></tr>
<tr><td>第三阶段</td><td>深度学习时代</td></tr>
<tr><td>核心内容及基本原理</td><td colspan="2">机器学习是人工智能的核心内容，也是人工智能的基本原理</td></tr>
<tr><td rowspan="3">机器学习的学习形式</td><td>有监督学习</td><td>传统的机器学习给计算机大量带标签的数据，通过各种算法，训练计算机能够识别这些数据，即训练出一个模型，然后用这个训练好的模型完成相关的任务</td></tr>
<tr><td>无监督学习</td><td>计算机能够自动找出数据之间的联系和特征，不再需要人工定义数据之间的规律和特征</td></tr>
<tr><td>半监督学习</td><td>介于有监督学习和无监督学习之间。利用小部分的样本提供预测量的真实值，采用小部分带标签的数据和大量没有标签的数据进行机器学习</td></tr>
</table>

表 8.3　人工智能的应用场景

知识点	具体内容
智慧农场	针对水稻、玉米、小麦、棉花等农作物生产过程，运用面向群体智能自主无人作业的农业智能化装备等关键技术，实现农业种植和管理集约化、少人化、精准化
智能工厂	针对流程制造业、离散制造业工厂中生产调度、参数控制、设备健康管理等关键业务环节，综合运用工厂数字孪生、智能控制、优化决策等技术
智慧家居	针对未来家庭生活中家电、饮食、陪护、健康管理等个性化、智能化需求，实现全屋一体化智控覆盖
智能教育	针对青少年教育中“备、教、练、测、管”等关键环节，运用学习认知状态感知、无感知异地授课的智慧学习和智慧教室等关键技术，构建虚实融合与跨平台支撑的智能教育基础环境，支持开展智能教育示范应用，提升优质教育资源覆盖面，助力国家教育数字化战略实施
自动驾驶	针对自动驾驶从特定道路向常规道路进一步拓展需求，运用车端与陆端传感器融合的高标准环境感知与超视距信息共享、车路云一体化的协同决策与控制等关键技术
智慧交通	通过对人、车、物、事件、基础设施等感知对象多维时空信息的全面感知、高效共享，对感知信息的融合、挖掘、处理，提升现代城市管理的应急能力和服务水平的管理技术
智能客服	人工智能聊天机器人可以从网站等环境中进行学习，应用自然语言识别技术为用户提供实时在线答疑服务
智慧物流	以物流互联网和物流大数据为依托，利用协同共享创新模式和人工智能技术，实现智能配置物流资源、智能优化物流环节、智能提升物流效率

续表8.3

知识点	具体内容
智慧医疗	利用人工智能技术自动找到医学影像中的重点部位，并进行对比分析，智能分析的结果可以为医生诊断提供参考信息；还能重建人体内器官的三维模型，帮助医生设计手术，确保手术更加精准

8.1.4 典型例题

【例 1】什么是人工智能？（　　）。

A.一种能够模拟人类智能的机器

B.只关注计算机硬件的技术

C.专注于图像处理的算法

D.一种数据存储技术

【答案】A

【解析】本题主要考查的是学生对于人工智能的基本认知。这是对人工智能的准确描述，AI 系统通过学习、推理和自我调整来执行任务，模仿人类的思维和决策过程。

【例 2】自然语言处理(NLP)最主要的任务之一是(　　)。

A.图像识别　　B.语音合成

C.文本分析和理解　　D.数据挖掘

【答案】C

【解析】本题主要考查的是学生对于人工智能的基本了解。自然语言处理的核心任务是分析和理解人类语言，包括文本的语义、语法分析等。选项 A 是计算机视觉的任务，选项 B 涉及语音技术，而选项 D 则属于更广泛的数据处理领域。

【例 3】什么是“监督学习”？（　　）。

A.模型在没有标签的数据上学习　　B.模型根据已有标签的数据进行学习

C.模型不需要任何数据进行学习　　D.模型只使用图像数据进行学习

【答案】B

【解析】本题主要考查的是学生对于机器学习的掌握。监督学习是指在有标签的数据集上训练模型，以便能够对新数据进行预测。选项 A 描述的是无监督学习，选项 C 是不准确的说法，选项 D 则不完整。

8.1.5 综合提升训练

8.1.5.1 选择题

(1) 深度学习是以下哪个领域的一个子集？（　　）。

A.计算机科学　　B.人工智能　　C.机器学习　　D.以上全部

(2) 下面哪个不属于机器学习的类型？（　　）。

A.监督学习　　B.无监督学习　　C.半监督学习　　D.硬件学习

(3) 以下不属于人工智能应用的是(　　)。

A.自动驾驶汽车　　B.机械翻译　　C.使用网络　　D.扫地机器人

(4) 哪次会议被广泛认为是人工智能领域的起点？(　　)。
A.图灵测试会议　　B.达特茅斯会议
C.AI 冬季会议　　D.机器学习大会
(5) 在 20 世纪 50 年代，谁提出了“图灵测试”？(　　)。
A.约翰·麦卡锡　　B.马文·明斯基
C.艾伦·麦席森·图灵　　D.杰弗里·辛顿
(6) 人工智能(AI)的定义是什么？(　　)。
A.计算机科学的一个分支，旨在创建能够执行需要人类智能的任务的系统
B.仅限于机器学习和深度学习的技术
C.机器人技术的一个子领域，专注于制造物理机器人
D.与人类无关的自动化工具
(7) 下列哪个领域不是人工智能的应用领域？(　　)。
A.自然语言处理　　B.自动驾驶　　C.计算机编程　　D.游戏设计
(8) 人工智能在医疗领域的应用包括(　　)。
A.智能助手和虚拟现实　　B.医疗影像分析和个性化治疗
C.社交媒体管理　　D.视频游戏开发
(9) 不属于功能模拟和符号推演研究人工智能的是(　　)。
A.心理学派　　B.逻辑学派　　C.符号主义　　D.行为主义
(10) 人工智能的定义通常涉及哪个方面？(　　)。
A.模拟人类智能的系统　　B.仅仅是编程技巧
C.高速计算能力　　D.大数据分析
(11) 以下哪项不是人工智能的子领域？(　　)。
A.机器学习　　B.计算机视觉　　C.数据挖掘　　D.生物信息学
(12) 在人工智能中，有监督学习的关键特点是(　　)。
A.无标签数据　　B.依赖环境反馈
C.有标签数据进行训练　　D.自我学习
(13) 有监督学习的应用场景不包括(　　)。
A.图像分类　　B.信用评分　　C.文本聚类　　D.医疗诊断
(14) 训练有监督学习模型时，数据集(　　)。
A.不需要标注　　B.需要标注　　C.只包含标签　　D.只包含特征
(15) 在有监督学习中，模型的性能通常通过(　　)。
A.聚类指标　　B.生成对抗网络
C.交叉验证和准确率　　D.训练时间
(16) 以下哪个是有监督学习的优点？(　　)。
A.不需要标注　　B.适用于所有类型的数据
C.结果可解释性强　　D.处理大规模数据时效果差
(17) 有监督学习的主要限制是(　　)。
A.需要大量标注数据　　B.模型复杂性低
C.适应性强　　D.数据可获取性高

(18) 无监督学习的主要目标是什么?(　　)。

A.分类　　B.回归　　C.数据聚类　　D.数据标注

(19) 无监督学习与有监督学习的主要区别在于(　　)。

A.有监督学习使用标签,无监督学习不使用标签

B.无监督学习需要大量数据

C.有监督学习效率更高

D.无监督学习只能用于分类

(20) 在无监督学习中,聚类的结果通常是(　　)。

A.标签　　B.数值　　C.簇　　D.回归线

(21) 以下不是人工智能发展阶段的是(　　)。

A.专家系统时代　　B.符号推理时代

C.深度学习时代　　D.信息技术时代

(22) 人工智能的简称是(　　)。

A.CI　　B.AI　　C.ATX　　D.LAN

(23) 下列应用中没有包含人工智能技术的是(　　)。

A.智能音箱　　B.无人驾驶　　C.在线翻译　　D.CAD 制图

(24) 想要让机器具有智能,必须让机器具备知识。因此,在人工智能中有一个研究领域,主要研究计算机如何自动获取知识和技能,实现自我完善,这个研究学科称为(　　)。

A.专家系统　　B.机器学习　　C.神经网络　　D.模式识别

(25) 深度学习是基于人工神经网络的(　　)。

A.半监督学习　　B.有监督学习

C.无监督学习　　D.关联规则学习

(26) 人工智能涉及的学科有(　　)。

A.医学　　B.计算机科学　　C.统计学　　D.以上全部

(27) 为了辨认某个物体是不是圆规,计算机将所有圆规的图片、照片收集起来,提取其中的特征,然后将这些特征形成全连接神经网络,总结出什么是圆规,最后再辨认该物体是不是圆规,给出答案,这体现了计算机的(　　)的学习方式。

A.有监督学习　　B.无监督学习

C.半监督学习　　D.关联规则学习

(28) 小张在淘宝搜索"雨伞"这一商品,淘宝自动向小张推荐"雨衣"等相关商品,这体现了(　　)。

A.淘宝利用大数据为客户推荐商品

B.用户的隐私受到侵犯

C.淘宝利用了智能客服主动为小张推荐商品

D.淘宝推荐的商品一般比较便宜

(29) 车载语音助手采用了(　　)技术。

A.语音识别　　B.人脸识别　　C.图像识别　　D.字符识别

(30) 智慧物流中,可以帮助提高物流效率的有(　　)。

A.无人仓储　　B.物流机器人　　C.无人配送　　D.以上都是

8.1.5.2 填空题

(1) 人工智能的发展经历了三个阶段,分别是符号推理时代、专家系统时代、________________。

(2) 机器学习按照学习形式可分为________________、无监督学习、半监督学习。

(3) ________________是人工智能的核心内容,要让计算机具有“智”,需要让计算机学会学习。

(4) 人工智能融合了________________、统计学、脑神经学和社会科学等多个学科的前沿知识。

(5) 如果让机器学习认识“猫”,就要给它很多标签里面有猫的________________,它才能知道猫长什么样子。

(6) 智慧医疗是指利用________________技术自动找到医学影像中的重点部位,并进行对比分析,智能分析的结果可以为医生诊断提供参考信息,从而有效地减少误诊或漏诊。

(7) ____________是人工智能的一种子领域,专注于理解和处理人类语言。

(8) ____________是指机器通过学习历史数据来改进自身性能的能力。

(9) 在社交媒体中,AI 被用于____________和内容推荐。

(10) ____________是指让机器具备人类认知能力的技术。

(11) 人工智能(AI)这一术语最早是在____________年由约翰·麦卡锡提出的。

(12) 1950 年,计算机科学家____________提出了著名的“图灵测试”,用于评估机器的____________。

(13) 有监督学习的主要任务是通过学习____________与____________之间的映射关系来预测新的数据。

(14) 特征学习的目的是提取数据中的____________特征。

(15) 在机器学习中,使用____________来评估模型的性能。

8.1.5.3 判断题

(   )(1) 艾伦·麦席森·图灵被称为“人工智能之父”。

(   )(2) 人工智能给我们带来了更加美好的生活,更加便捷的未来,所以没有任何负面的影响。

(   )(3) 现在人工智能处于专家系统时代。

(   )(4) “阿尔法狗”采用了深度学习算法。

(   )(5) 如果一台机器能够与人类对话而不被辨别出其机器的身份,那么这台机器便具备智能,这一设想被称为“图灵测试"。

(   )(6) 算法的特征之一是有限性,意味着算法必须在执行有限个步骤后终止。

(   )(7) 有监督学习会利用小部分的样本提供预测量的真实值,采用小部分带标签的数据和大量没有标签的数据进行机器学习。

(   )(8) 半监督学习会利用小部分的样本提供预测量的真实值,采用小部分带标签的数据和大量没有标签的数据进行机器学习。

(   )(9) 智慧交通是通过对人、车、物、事件、基础设施等感知对象多维时空信息的全面感知、高效共享,对感知信息的融合、挖掘、处理。

(   )(10) 小明佩戴智能手环来运动,可以检测心率、体脂率等参数,帮助调整锻炼计划,这体现了 AI 辅助用户健身。

(　　)(11) 人工智能目前已经非常成熟,没有继续发展的必要。
(　　)(12) 所有机器学习都是人工智能,但并非所有人工智能都是机器学习。
(　　)(13) 深度学习是一种特定的机器学习方法。
(　　)(14) 人工智能可以完全替代人类的工作。
(　　)(15) 目前的人工智能系统有自主意识和情感。
(　　)(16) 强化学习是一种无监督学习。
(　　)(17) 计算机视觉技术在自动驾驶中非常重要。
(　　)(18) 机器学习模型一旦训练完成,就不需要再更新。
(　　)(19) 人工智能可以用于预测天气和气候变化。
(　　)(20) 所有机器学习算法都需要大量的训练数据。

8.1.5.4 综合实践

(1) 任务一

请结合人工智能的技术发展、应用场景以及未来挑战,论述人工智能对社会经济的影响,并探讨如何平衡技术发展与伦理、隐私等社会问题。

____

____

____

____

(2) 任务二

小组探讨:任务主题“人工智能的影响与未来”

任务目标:

① 理解人工智能的基本概念及其应用领域。
② 探讨人工智能对社会、经济和个人生活的影响。
③ 分析人工智能技术的伦理和社会责任问题。
④ 提出对未来人工智能发展的展望与建议。

任务分组:

将学生分成小组,每组 3～5 人。每组选择一个具体的子主题进行探究。

子主题建议:

① 人工智能在医疗领域的应用
a. 研究 AI 如何辅助医生,改善医疗服务。
b. 探讨 AI 在疾病预测和个性化治疗中的作用。

② 人工智能与教育
a. 讨论 AI 如何改变教学方法与学习体验。
b. 分析 AI 辅导系统的优缺点。

③ 人工智能在商业中的应用
a. 研究 AI 在市场分析、客户服务和运营管理中的应用。
b. 探讨 AI 如何提高企业效率和创新。

④ 人工智能与社会伦理

a. 讨论 AI 技术带来的伦理挑战，如隐私和偏见。

b. 提出解决方案和政策建议。

⑤ 人工智能的未来趋势

a. 研究最新的 AI 技术发展。

b. 预测未来可能出现的技术与应用。

(3) 任务三

选择一个你熟悉的人工智能应用(如智能助手、推荐系统、自动驾驶等)，论述其工作原理、实际应用案例以及对用户体验的影响。同时，分析该技术在应用过程中可能遇到的挑战与改进建议。

8.1.6 学习手札

8.2 认识机器人

随着计算机技术、工业自动化和人工智能的飞速发展，人类繁重而重复的体力劳动已逐渐被各种机械所取代，机器人的应用已经广泛渗透到社会的各个领域。当前，世界各国都在积极发展新的科技生产力，在未来 10 年，全球工业机器人行业将进入一个前所未有的高速发展期。研究和开发新一代机器人将成为今后科技发展的新重点，而且机器人产业不论是在规模上还是在资本上都将大大超过今天的计算机产业。因此，全面了解机器人知识，具备熟练的机器人操作技能，已成为衡量 21 世纪高素质人才的基本要素之一。

8.2.1　目标导航

（1）了解机器人的组成与发展；
（2）了解机器人的应用；
（3）理解人工智能带来的机遇与挑战。

8.2.2　知识图谱

具体如图 8.2 所示。

图 8.2　知识图谱——认识机器人

8.2.3 必备知识清单

具体见表 8.4、表 8.5。

表 8.4 机器人的组成及发展

知识点	具体内容
机械结构	机器人的本体，其赖以完成作业任务的执行机构，可以类比人的肌肉和骨骼，支撑机器人完成各种动作
驱动结构	机器人的动力系统，相当于人的血管和心脏，为机器人完成工作提供动力
传感装置	机器人的感测系统，相当于人的眼睛和耳朵，为机器人在相关的环境中完成工作提供检测信息
控制系统	机器人的指挥中枢，相当于人的大脑，负责对机器人完成任务提供指令信息，对内部和外部环境信息进行处理，控制机器人进行各种工作
第一代机器人	示教再现机器，能够运行程序员事先已经编好的程序，无论外界环境怎样改变，都不会改变动作，如机械臂
第二代机器人	带传感器的机器人，能够针对外界环境的改变做出一定的自身调整，如扫地机器人
第三代机器人	智能机器人，能够利用各种传感器、测量器等来获取环境信息，然后利用智能技术进行识别、理解、推理，最后做出规划决策，是通过自主行动实现预定目标的高级机器人，如酒店机器人

表 8.5 畅想未来世界

<table>
<tr><th>知识点</th><th colspan="3">具体内容</th></tr>
<tr><td rowspan="10">机器人的应用</td><td rowspan="4">工业机器人</td><td colspan="2">面向工业领域的多关节机械手或多自由度机器人</td></tr>
<tr><td rowspan="3">分类</td><td>喷涂机器人</td></tr>
<tr><td>装配机器人</td></tr>
<tr><td>焊接机器人</td></tr>
<tr><td rowspan="6">特种机器人</td><td colspan="2">除工业机器人之外的、用于非制造业并服务于人类的各种先进机器人</td></tr>
<tr><td rowspan="5">分类</td><td>服务机器人</td></tr>
<tr><td>水下机器人</td></tr>
<tr><td>娱乐机器人</td></tr>
<tr><td>军用机器人</td></tr>
<tr><td>农业机器人</td></tr>
</table>

续表8.5

知识点	具体内容		
人工智能带来的机遇与挑战	人工智能的争议	乐观派	人工智能会给我们带来更加美好的生活、更加便捷的未来
			在新兴领域会有更大规模的市场和人才的需求
		保守派	人工智能不过是一次技术革命，就像工业革命一样，会使得很多传统行业的从业人员大规模失业
			我们应该警惕人工智能的发展，人工智能最终将取代人类
			机器人在各个领域都将超过人类，并且会像人类一样拥有自主意识，进而从人类的工具演化为人类的统治者
	机器人的三项原则	机器人不得伤害人类，或坐视人类受到伤害	
		机器人必须服从人类的命令，除非这条命令与第一条相矛盾	
		机器人必须保护自己，除非这种保护与以上两条相矛盾	

8.2.4　典型例题

【例 1】机器人在工业生产中的主要应用之一是（　　）。

A.医疗诊断　　B.农业种植　　C.装配和焊接　　D.教育培训

【答案】C

【解析】本题主要考查的是学生对于机器人在工业生产中应用的基本认知。

医疗诊断是机器人在医疗领域的应用，主要用于辅助医生进行疾病诊断和治疗，而不是工业生产。

农业种植是机器人在农业领域的应用，主要用于播种、施肥、收割等任务，而不是工业生产。

装配和焊接是机器人在工业生产中的主要应用之一。机器人能够高效、精确地完成装配和焊接任务，提高生产效率和产品质量。

教育培训是机器人在教育领域的应用，主要用于辅助教学和培训，而不是工业生产。

【例 2】以下生活中常见的物品哪一项属于机器人？

A.智能吸尘器　　B.智能手表　　C.智能音箱　　D.智能电视

【答案】A

【解析】本题主要考查的是学生对于机器人基本认知的理解。

智能吸尘器是一种具备自主导航和清洁功能的机器人。它通过内置的传感器和算法，能够自主规划路径、避开障碍物，并完成清洁任务。

智能手表不具备自主导航和执行物理任务的能力，因此不属于机器人。

智能音箱不具备自主导航和物理运动的能力，因此不属于机器人。

智能电视不具备自主导航和物理运动的能力，因此不属于机器人。

【例 3】以下哪种传感器常用于机器人导航和定位？

A.温度传感器　　B.湿度传感器

C.GPS 传感器　　D.声音传感器

【答案】C

【解析】本题主要考查的是学生对于机器人导航和定位传感器的基本认知。

温度传感器主要用于测量环境或物体的温度，常用于气象监测、工业控制等领域，但不用于导航和定位。

湿度传感器主要用于测量环境的湿度，常用于气象监测、农业等领域，但不用于导航和定位。

GPS 传感器通过卫星定位系统提供精确的位置信息，广泛用于机器人导航和定位，尤其是在户外环境中。

声音传感器主要用于检测声音信号，常用于声音识别、噪声监测等领域，但不用于导航和定位。

8.2.5　综合提升训练

8.2.5.1　选择题(单选)

(1) 机器人系统的结构由机器人的机械机构、传感装置、控制系统及驱动机构组成。感知机器人获取自身或外部环境变化信息是依靠(　　)完成。

A.传感装置　　B.机械机构　　C.驱动机构　　D.控制系统

(2) 目前，机器人的发展已经进入了第三代机器人，即(　　)。

A.示教再现机器人　　B.云机器人

C.感知机器人　　D.智能机器人

(3) 第三代具有智能的机器人是靠人工智能技术决策行动的机器人，它们根据感觉到的信息，进行(　　)，并做出判断和决策，不用人的参与就可以完成一些复杂的工作。

A.一定感知　　B.独立思维　　C.自动重复　　D.单一机械运动

(4) 机器人的发展目前经历了(　　)个阶段。

A.一　　B.二　　C.三　　D.四

(5) 酒店机器人属于(　　)。

A.第一代机器人　　B.第二代机器人

C.第三代机器人　　D.第四代机器人

(6) “人工昆虫”是(　　)的雏形。

A.酒店机器人　　B.焊接机器人　　C.医疗机器人　　D.扫地机器人

(7) 当扫地机器人行进至台阶边缘时，(　　)利用超声波测得扫地机器人与地面之间的距离，当超过限定值时，向控制器发送信号，控制器控制扫地机器人进行转向，改变扫地机器人前进方向，从而实现防止跌落的目的。

A.驱动装置　　B.控制器　　C.运算器　　D.传感器

(8) 当代机器人大军中最主要的机器人为(　　)。

A.工业机器人 B.军用机器人 C.服务机器人 D.特种机器人

(9) 我国的机器人专家从应用环境出发，将机器人分为两大类，即工业机器人和(　　)。

A.普通机器人 B.特殊机器人 C.医疗机器人 D.特种机器人

(10) 喷涂、地面磨光、钢铁架搭建等工作艰苦，迫切需要采用机器人来改善工人的工作环境，(　　)可进行昼夜施工，缩短工期，保证工程质量。

A.医疗康复机器人 B.农、林、水产及矿业机器人

C.建设行业机器人 D.娱乐机器人

(11) 下列不是机器人在医疗界中的主要应用的是(　　)。

A.外科手术机器人 B.康复机器人

C.护理机器人 D.精密加工机器人

(12) (　　)去探索宇宙的奥秘，为人类实现遨游太空、移居外星球的理想。

A.海洋机器人 B.空间机器人

C.核工业机器人 D.森林机器人

(13) 以下不属于机器人制作与开发划定的三条基本红线的是(　　)。

A.机器人必须保护自身安全和服从人的一切命令，一旦冲突发生，以自保为先

B.机器人不得伤害人，或任人受到伤害而无所作为

C.机器人应服从人的一切命令，但命令与B相抵触时例外

D.机器人必须保护自身的安全，但不得与B、C相抵触

(14) 机器人诊断准确率远高于人类的原因包括(　　)。

A.需要充电 B.可重复性高，不会疲劳，记忆能力强

C.存在各种复杂驱动系统 D.传感器复杂

(15) 多传感器融合技术是将几个传感器组合在一体，形成能够检测(　　)传感器无法检测的高性能信息的传感器系统。

A.温度 B.单个 C.速度 D.位移

(16) 机器人一般包括(　　)。

A.控制系统、硬盘储存、眼睛

B.机械结构、驱动结构、传感器、控制系统

C.感应器、程序操作系统、腿

D.智能控制、硬盘储存、手臂

(17) 下面不属于机器人系统基本结构的是(　　)。

A.机械机构 B.人 C.控制系统 D.传感系统

(18) (　　)是机器人的动力系统，相当于人的血管和心脏，为机器人完成工作提供动力。

A.传感装置 B.机械机构 C.驱动机构 D.控制系统

(19) 20世纪80年代，计算机技术和传感器的发展推动了机器人的发展，它们都具有一定的(　　)能力；20世纪90年代，小型轻型机器人开始出现，这类机器人能在特殊的环境中完成给定的任务。

A.计算 B.重复工作 C.识别判断 D.表达沟通

(20) 下列对机器人的演变说法正确的是(　　)。

A.第一代是编程机器人 B.第二代是遥控机器人

C.第三代是智能机器人　D.第四代是仿生机器人

(21) 感知机器人属于机器人发展中的第(　　)代机器人。

A.一　B.二　C.三　D.四

(22) 有的机器人有眼睛会看,靠的是(　　)。

A 照相机镜头　B.视觉传感器,如摄像头、超声波、雷达等

C.人眼系统　D.机械结构

(23) 关于机器人,以下说法正确的是(　　)。

A.会伤害人类

B.可能造福于人类,也能伤害到人类

C.机器人队伍不断壮大,对人类的威胁只会日益增加

D.机器人应当造福于人类而不伤害人类

(24) 对机器人进行示教时,作为示教人员必须事先接受过专门的培训才行。与示教作业人员进行作业的监护人员,处在机器人可动范围外时,(　　),才可进行共同作业。

A.不需要事先接受过专门的培训　B.必须事先接受过专门的培训

C.没有事先接受过专门的培训也可以　D.具有经验即可

(25) 机器人的定义中,突出强调的是(　　)。

A.具有人的形象　B.模仿人的功能

C.像人一样的思维　D.感知能力很强

(26) 下列不属于医用机器人的是(　　)。

A.格斗机器人　B.护理机器人

C.医用教学机器人　D.医疗用机器人

(27) 空间机器人是用于代替人类在太空中进行科学试验、出舱操作、空间探测等活动的(　　)。

A.工业机器人　B.特种机器人

C.娱乐机器人　D.服务机器人

(28) 目前机器人的发展已经进入了(　　)时代。

A.机械　B.人工智能　C.核能　D.科技

(29) 扫地机器人能够识别障碍进行规避,首先是因为(　　)设备识别到障碍。

A.驱动装置　B.控制器　C.运算器　D.传感器

(30) 我国的机器人专家从应用环境出发,将机器人分为两大类,即(　　)和特种机器人。

A.普通机器人　B.特殊机器人

C.医疗机器人　D.工业机器人

8.2.5.2　填空题

(1) 机器人一般由复杂的____________、驱动机构、传感装置和控制系统等组成。

(2) 第三代机器人是____________,能够利用各种传感器、测量器等来获取环境信息,然后利用智能技术进行识别、理解、推理,最后做出规划决策,是通过自主行动实现预定目标的高级机器人,如酒店机器人。

(3) ____________指面向工业领域的多关节机械手或多自由度机器人,如喷涂机器人、装配机器人、焊接机器人。

(4) 我国的机器人专家从应用环境出发，将机器人分为两大类，即工业机器人和________。

(5) ________是机器人的指挥中枢，相当于人的大脑，负责对机器人完成任务提供指令信息，对内部和外部环境信息进行处理，控制机器人进行各种操作。

(6) 机器人的感测系统是________，相当于人的眼睛和耳朵，为机器人在工作时提供信息。

(7) 机器人是________的一种应用。

(8) 根据机器人的发展进程分为三代，第一代机器人是________，能够运行程序员事先已经编好的程序，无论环境怎么改变都不会改变动作。

(9) ________不得伤害人，或任人受到伤害而无所作为。

(10) 机器人的动力系统是________，为机器人完成工作提供动力。

(11) 工业机器人面向工业领域，主要包括喷涂机器人、________和焊接机器人。

(12) 特种机器人除工业机器人之外，还包括服务机器人、水下机器人、娱乐机器人、军用机器人和________。

(13) 机械机构是机器人的________，其作用类似于人体的肌肉和骨骼。

(14) 第三代机器人是利用________进行识别、理解、推理，最后做出规划决策，是通过自主行动实现预定目标的高级机器人。

(15) ________提出了“三定律”，以规范机器人行为。

8.2.5.3 判断题

(　　)(1) 传感器是机器人的感测系统。

(　　)(2) 服务机器人属于工业机器人中的一种。

(　　)(3) 到目前为止，机器人已发展到第四代。

(　　)(4) 第三代机器人是带传感器的机器人。

(　　)(5) 机械手亦可称之为机器人。

(　　)(6) 使用除草机器人完全避免了除草剂的使用。

(　　)(7) 机器人给我们带来更加美好的生活、更加便捷的未来，所以没有任何负面的影响。

(　　)(8) 机器人是自动化时代的宠儿，为运用计算机学科的成果而诞生。

(　　)(9) 所有的机器人都必须和人形象相似。

(　　)(10) 机器人必须保护自身安全和服务人的一切命令。一旦冲突发生，以自保为先。

(　　)(11) 第一代机器人是通过自主行动实现预定目标的高级机器人。

(　　)(12) 工业机器人仅限于制造业的应用。

(　　)(13) 特种机器人可以应用于非制造业领域。

(　　)(14) 机器人必须保护自己，即使这意味着违反了保护人类的原则。

(　　)(15) 第二代机器人是通过自主行动实现预定目标的高级机器人。

(　　)(16) 工业机器人只能用于喷涂作业。

(　　)(17) 特种机器人不能用于军事用途。

(　　)(18) 机器人必须优先考虑自己的安全，然后才是人类的安全。

(　　)(19) 机械机构的作用类似于人体的神经系统。

(　　)(20) 驱动机构为机器人提供了必要的动力支持。

8.2.5.4 综合实践

(1) 任务一

目前哪些工作有可能被机器人取代？所有的工作岗位都会被取代吗？我们该如何应对？

(2) 任务二

根据你的了解,举例说明虚拟现实技术在机器人中的作用与意义。

8.2.6 说一说

发挥想象力,说说哪些事情机器人能替你完成？你希望未来有什么类型的机器人？

单元测验

一、选择题

1. 下面哪个不属于机器学习的类型？(　　)。

A.监督学习　　B.无监督学习　　C.半监督学习　　D.硬件学习

2. 哪次会议被广泛认为是人工智能领域的起点？(　　)。

A.图灵测试会议　　B.达特茅斯会议

C.AI冬季会议　　D.机器学习大会

3. 20世纪50年代,谁提出了“图灵测试”？(　　)。

A.约翰·麦卡锡　　B.马文·明斯基

C.艾伦·麦席森·图灵　　D.杰弗里·辛顿

4. 下列哪个领域不是人工智能的应用领域？(　　)。

A.自然语言处理　　B.自动驾驶

C.计算机编程　　D.游戏设计

5. 以下不是人工智能发展阶段的是(　　)。

A.专家系统时代　　B.符号推理时代

C.深度学习时代　　D.信息技术时代

6. 车载语音助手采用了(　　)技术。

A.语音识别　　B.人脸识别　　C.图像识别　　D.字符识别

7. 智慧物流中,可以帮助提高物流效率的有(　　)。

A.无人仓储　　B.物流机器人　　C.无人配送　　D.以上都是

8. 人工智能涉及的学科有(　　)。

A.医学　　B.计算机科学　　C.统计学　　D.以上全部

9.深度学习是基于人工神经网络的(　　)。

A.半监督学习　　B.有监督学习　　C.无监督学习　　D.关联规则学习

10.人工智能的简称是(　　)。

A.CI　　B.AI　　C.ATX　　D.LAN

11.不属于功能模拟和符号推演研究人工智能的是(　　)。

A.心理学派　　B.逻辑学派　　C.符号主义　　D.行为主义

12.人工智能的定义通常涉及哪个方面？(　　)。

A.模拟人类智能的系统　　B.仅仅是编程技巧

C.高速计算能力　　D.大数据分析

13.训练有监督学习模型时,数据集(　　)。

A.不需要标注　　B.需要标注

C.只包含标签　　D.只包含特征

14. 以下哪个是有监督学习的优点？(　　)。

A.不需要标注　　B.适用于所有类型的数据

C.结果可解释性强　　D.处理大规模数据时效果差

15. 以下哪种机器人主要用于危险或难以到达的地方？(　　)。

A.娱乐机器人　　B.探险机器人　　C.医疗机器人　　D.教育机器人

16. 以下哪个领域经常使用专门的机器人？(　　)。

A.艺术创作　　B.深海勘探　　C.文学批评　　D.历史研究

17. (　　)提出了“三定律”,以规范机器人行为。

A.艾萨克·阿西莫夫　　B.斯蒂芬·霍金

C.爱因斯坦　　D.尼古拉·特斯拉

18. 第一台真正意义上的工业机器人是(　　)。

A.Shakey　　B.Unimate　　C.Roomba　　D.ASIMO

19. 以下哪个不是机器人发展历史上的重要里程碑？(　　)。

A.第一台工业机器人 Unimate

B.第一个商用机器人 CleanMate

C.三定律的提出

D.第一个移动机器人 Shakey

20. 以下哪个不是机器人发展早期的关键技术？(　　)。

A.机械臂　　B.自动控制系统

C.互联网　　D.传感器技术

21. 以下哪种机器人主要用于家庭清洁？(　　)。

A.工业机器人　　B.家用吸尘机器人

C.医疗机器人　　D.农业机器人

22. 以下哪种机器人用于水下探险？(　　)。

A.水下机器人　　B.空中无人机

C.太空探测器　　D.家庭宠物机器人

23. 以下哪种机器人用于军事侦察？(　　)。

A.商业服务机器人　　B.军事侦察机器人

C.儿童陪伴机器人　　D.家庭娱乐机器人

24. 以下哪种机器人主要用于娱乐？(　　)。

A.娱乐表演机器人　　B.家务助手机器人

C.工业装配机器人　　D.医疗康复机器人

25. 在公共安全领域，机器人可以用来(　　)。

A.拍摄电影　　B.救援搜索　　C.教授课程　　D.销售商品

26. 以下哪种机器人可以协助老年人日常生活？(　　)。

A.老年人护理机器人　　B.商业展示机器人

C.工业焊接机器人　　D.农业播种机器人

27. 以下哪种机器人可以用于监测环境变化？(　　)。

A.环境监测机器人　　B.个人健身教练机器人

C.家庭烹饪机器人　　D.体育比赛裁判机器人

28. 以下哪个不是机器人技术的应用前景？(　　)。

A.智慧城市　　B.无人驾驶汽车

C.人类长生不老　　D.智能家居

29.以下哪个不是机器人的未来发展的方向？(　　)。

A.更高的自主性　　B.更强的学习能力

C.完全替代人类思考　　D.更好的人机接口

二、填空题

1. 人工智能的发展经历了三个阶段，分别是符号推理时代、专家系统时代、______________。

2. 机器学习按照学习形式可分为____________、无监督学习、半监督学习。

3. 在社交媒体中，AI 被用于____________和内容推荐。

4. 1950 年，计算机科学家____________提出了著名的“图灵测试”，用于评估机器的____________。

5. 人工智能(AI)这一术语最早是在____________年由约翰·麦卡锡提出的。

6. 智慧医疗是指利用____________技术自动找到医学影像中的重点部位，并进行对比分析，智能分析的结果可以为医生诊断提供参考信息，从而有效地减少误诊或漏诊。

7. 根据古书《墨经》所记载，世界第一个空中机器人是由鲁班制作的木鸟，其能在空中飞行“三日不下”，可以说明我国最早的机器人在____________时代。

8. 被称为“现代机器人学的基石”的是____________。

9. ____________一词最早出现在捷克剧作家卡雷尔·恰佩克的戏剧《罗素姆万能机器人》中。

10. 机器人的典型特征：____________，____________，____________。

11. 机器人的发展趋势：____________，____________，____________。

三、判断题

(　　)1. 图灵被称为“人工智能之父”。

(　　)2. 现在人工智能处于专家系统时代。

(　　)3. 如果一台机器能够与人类对话而不被辨别出其机器的身份，那么这台机器便具备智能，这一设想被称为“图灵测试"。

(　　)4. 人工智能可以用于预测天气变化。

(　　)5. 人工智能可以完全替代人类的工作。

(　　)6. 所有机器学习都是人工智能，但并非所有人工智能都是机器学习。

(　　)7. 人工智能目前已经非常成熟，没有继续发展的必要。

(　　)8. 强化学习是一种无监督学习。

(　　)9. 计算机视觉技术在自动驾驶中非常重要。

(　　)10. 智慧交通是通过对人、车、物、事件、基础设施等感知对象多维时空信息的全面感知、高效共享，对感知信息的融合、挖掘、处理。

(　　)11. 工业机器人只能在汽车制造业中使用。

(　　)12. 所有机器人都是由金属制造的。

(　　)13. 机器人不能在无人干预的情况下运行。

(　　)14. 仿生机器人仅用于科学研究。

(　　)15. 时间旅行机器人在现实中是存在的。

(　　)16. 通信卫星是一种机器人。

(　　)17. 所有手术都可以由医疗手术机器人独自完成。

(　　)18. 机器人只能在现代才有。

(　　)19. 第一台工业机器人 Unimate 是用于家庭清洁的。

(　　)20. “机器人”一词最早出现在一部电影中。

四、单元综合实训

1. 请论述人工智能的基本概念、发展历程及其在当今社会中的应用和影响。

2. 请分析人工智能在教育领域的应用现状与未来发展趋势。

3. 写出任意5种按照用途划分的机器人。

4. 机器人的三定律具体内容是什么?

5. 模拟机器人避障

目标:编写一个Python程序,模拟一个机器人在遇到障碍物时改变方向。

(1) 使用变量表示机器人的当前位置和方向。

(2) 编写函数来检测前方是否有障碍物。

(3) 如果有障碍物,机器人转向90°并继续前进。

(4) 打印机器人的最终位置和方向。

要求:读懂下面代码,将缺少的部分补充并填写运行结果。

代码如下：

```
# 初始化机器人的路径
path=[
    ('forward',3),
    ('right',1),
    ('forward',2),
    ('left',1),
    ('forward',1)
]

# 初始化机器人的位置和方向
x=0
y=0
direction='north'

# 定义移动函数
def move(steps):
    global x,y,direction
    if direction=='north':
        y+=steps
    elif direction=='south':
        y-=steps
    elif direction=='east':
        x+=steps
    elif direction=='west':
        x-=steps

# 定义转向函数
def turn_right():
    global direction
    if direction=='north':
        direction='east'
    elif direction=='east':
        direction='south'
    elif direction=='south':
        direction='west'
    elif direction=='west':
        direction='________'

def turn_left():
    global direction
    if direction=='north':
        direction='west'
```

```
    elif direction=='west':
        direction='south'
    elif direction=='south':
        direction='east'
    elif direction=='_______':
        direction='north'

# 控制机器人按照路径移动
for action,steps in path:
    if action=='forward':
        move(steps)
    elif action=='right':
        turn_right()
    elif action=='left':
        turn_left()
    print(f"Current position:({x},{y}),direction:{direction}")

# 打印最终位置和方向
print(f"Final position:({x},{y}),final direction:{direction}")

运行结果如下:
Final position:_______,final direction:_______
```

6. 下列代码是一个线性回归模型，请补充完整。

```
    房屋面积(平方米):[152,305,457]
      房价(元):[1050000,1400000,1750000]
import numpy as np
from sklearn.linear_model import LinearRegression
(1)创建(_______)数据
X=np.array([[152],[305],[457]])  # 房屋面积
y=np.array([1050000,1400000,1750000])  # (_______)
(2)创建线性回归模型并训练
model=LinearRegression()
model.fit(_______,_______)
(3)进行预测
predicted_prices=model.predict(X)
(4)计算房价平均值
average_price=np.mean(predicted_prices)
```

参考文献

[1] LUTZ M,ASCBER D.Python 语言入门[M].北京:中国水利水电出版社,2001.

[2] 嵩天,黄天羽,礼欣.程序设计基础:Python 语言[M].北京:高等教育出版社,2014.

[3] LUBANOVIC B.Python 语言及其应用[M].丁嘉瑞,梁杰,禹常隆,译.北京:中国工信出版集团,人民邮电出版社,2016.

[4] PUNCH W F,ENBODY R.Python 入门经典:以解决计算问题为导向的 Python 编程实践[M].张敏,译.北京:机械工业出版社,2012.

[5] 王心力,张艳波.Excel 基础教程[M].北京:清华大学出版社,2004.

[6] 马海燕.excel 表格初中基础教学[J].速读,2020(1):166.

[7] 罗新密.Excel 基础与应用[M].北京:高等教育出版社,2010.

[8] 彭兰."信息是美的":大数据时代信息图表的价值及运用[J].新闻记者,2013(6):14-21.

[9] 王世伟.论信息安全、网络安全、网络空间安全[J].中国图书馆学报,2015.

[10] 周学广.信息安全学[M].北京:机械工业出版社,2008.

[11] 冯登国.网络安全原理与技术(信息安全丛书)[M].北京:科学出版社,2003.

[12] 徐维祥.信息技术基础模块(下册)[M].北京:高等教育出版社,2021.

[13] 单淮峰,翁晓杰.信息技术学习辅导与练习(下册)[M].北京:高等教育出版社,2022.

[14] 石纯一.人工智能原理[M].北京:清华大学出版社,1993.

[15] 王永庆.人工智能原理与方法[M].西安:西安交通大学出版社,1998.

[16] 廉师友.人工智能技术导论[M].西安:西安电子科技大学出版社,2007.

[17] 谭建伟,陈良庚,任锦.信息技术学习指导与练习[M].北京:电子工业出版社,2022.

[18] 傅连仲,谭建伟,王崇国,等.信息技术基础模块(下册)[M].北京:电子工业出版社,2021.

[19] 田盛丰.人工智能原理与应用:专家系统,机器学习,面向对象的方法[M].北京:北京理工大学出版社,1993.

[20] 姚亚建,胡建红,韩国莉.计算机应用基础配套上机指导与习题集[M].武汉:华中科技大学出版社,2014.

[21] 罗光春,胡钦太.信息技术[M].北京:北京理工大学出版社,2022.

[22] 王津.计算机应用基础实训[M].北京:高等教育出版社,2017.

[23] 埃里克·马瑟斯.Python 编程:从入门到实践[M].3 版.北京:人民邮电出版社,2023.

[24] 苏东伟.Python 程序编写入门[M].北京:高等教育出版社,2023.

[25] 李方园.Python 编程基础与应用[M].2 版.北京:机械工业出版社,2021.